现代生命科学发展科普丛书

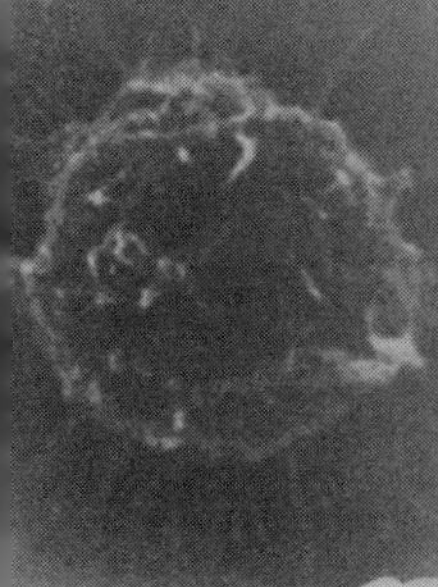

探秘"万用细胞"

刘植义　刘一婷／主编

河北出版传媒集团公司
河北人民出版社

图书在版编目(CIP)数据

探秘"万用细胞"/刘植义等主编. 一石家庄：河北人民出版社，2011.5（2012.6 重印）
（现代生命科学发展科普丛书）
ISBN 978-7-202-05512-0

Ⅰ.①探… Ⅱ.①刘… Ⅲ.①细胞学－青年读物 ②细胞学－少年读物 Ⅳ.①Q2-49

中国版本图书馆 CIP 数据核字(2011)第 063555 号

丛 书 名	现代生命科学发展科普丛书
书　　名	探秘"万用细胞"
主　　编	刘植义　刘一婷
责任编辑	马　丽　张含晶　张呈梁
美术编辑	于艳红
责任校对	张三铁
出版发行	河北出版传媒集团公司　河北人民出版社 （石家庄市友谊北大街 330 号）
印　　刷	陕西天元印务有限公司
开　　本	850×1168 毫米　1/32
印　　张	5.75
字　　数	111 000
版　　次	2011 年 5 月第 1 版　2012 年 6 月云南第 1 次印刷
书　　号	ISBN 978-7-202-05512-0/G·1849
定　　价	14.00 元

前言

近年来，在科学杂志和报刊上经常报道有关“干细胞”的新闻消息，引起了人们的极大关注。干细胞研究为什么受到如此青睐？它与生物技术中的耀眼明星基因工程相似，人体干细胞自发现之日起就备受瞩目。特别是在1999年末的年度世界十大科学成果评选中，“干细胞的研究与应用”荣登榜首，举世关注、耗资巨大的人类基因组计划工程才名列第二名。2000年干细胞研究又被选为十大科学成就之一。干细胞研究为什么有这么高的评价？因为干细胞是具有自我更新、高度增殖和多向分化潜能的细胞群体，这些细胞可以通过细胞分裂维持自身细胞群的大小，同时又可以进一步分化成为各种不同的组织细胞，从而构成机体各种复杂的组织器官。从功能上看，干细胞就像是机体的维修工，哪些细胞受损了或衰老了，特殊的生长因子或信号分子就通知它们产生新的细胞来替换，使机体保持正常。由于干细胞功能的特殊性，促使了科学家们积极开展干细胞研究的热潮，其中最引人注目的是干细胞应用技术在临床上的运用。干细胞有可能成为今后细胞治疗、组织器官移植和基因治疗的主角，是新兴组织工程的核心成员。干细胞在糖尿病、帕金森综合症、老年痴呆症、重症肝炎、角膜病和白血病等多种疑难病症的治疗上前景可观。干细胞的贡献有不可估量的医学价值，对人类生命健康有重大意义。灿烂的应用前景还能使与干细胞技术相关的产业应运而生，成为生物技术领域最热门的产业之一。

21 世纪是信息时代，也是生命科技的世纪，是各种新技术迅速发展和广泛应用的时代。我国能否抓住发展机遇，关键在于提高全民族的科学文化水平，造就一支具有科学精神，懂得科学方法，具有知识创新和技术创新能力的高素质劳动者队伍。所以，发展教育和普及科学知识、弘扬科学精神、提倡科学方法是我们应对世界挑战的首要策略。为此，应该大力加强全社会的科学普及工作，努力提高全民族的科学文化素质，为科技进步和创新提供广泛的群众基础。本书编写了有关干细胞的普通常识和一些新的科技进展信息，其目的，一方面是向广大读者介绍有关干细胞新技术的科学基础知识，激起读者对这一科学领域的重视和兴趣，以备在生活当中遇到某种疾病，对生病原因和干细胞技术治疗方法有初步认识，确保维持健康的生活；另一方面是为教育发展起点作用。近年来，我国正在开展义务教育和普通高中的教育改革，在教学的内容方面发生了很大变化。像普通高中生物学教科书增添了许多近代生物学的新知识和新生物技术的内容。细胞学是生命科学的最基础知识，不仅介绍细胞的结构和功能，还增加了细胞增殖、分化、再生、衰亡等内容。本书可作为中学生和科技爱好者的课外读物，扩大知识范围，提高认知水平，也可以作为初、高中学教师教学参考使用。

本书的特点是在干细胞普通知识的基础上，着重介绍21世纪以来干细胞研究的成果和未来发展趋势。由于本书是科普读物，不是干细胞技术的专门科学领域专著，编写时力求深入浅出，图文并茂，尽量做到知识性、科学性与通俗性、可读性及趣味性的统一。为了便于广大读者对干细胞知识的理解，本书编写的内容体系是先浅后深。首先介绍动物的生长与发育，其中涉及细胞分裂、生长、分化、再生和器官的形成等基本生命规律，为了解干细胞的特点与功能奠定知识基础；其次，介绍什么是干细胞，干细胞的特征、分类与功能；最后，介绍提取干细胞技术和展望干细胞工程的发展前景。

在本书编写的过程中，我们汇集了一些有关干细胞的图书和信息资料，主要参考了军事医学科学院干细胞研究中心裴雪涛教授主编的《干细胞技术》高新技术科普丛书；南京医科大学孙可一教授发表的“干细胞：人类健康的新希望”等文章；复旦大学谢原祥教授翻译的日本专家冈田节人著的《发育之谜——发育生物学入门》等科普读物；此外，还参阅了几所高校编著的《细胞学》教科书；通过网站查阅了有关干细胞研究新进展的资料和近几年《参考消息》科学技术版刊载的有关干细胞研究进展的新信息。这些资料，对我们编写科普丛书起了重要作用，在此表示衷心感谢。

由于编者在干细胞这方面的知识水平有限，难免有不妥之处，希望读者批评指正。

刘植义

2011 年 1 月于石家庄

目录

细胞的佼佼者——干细胞

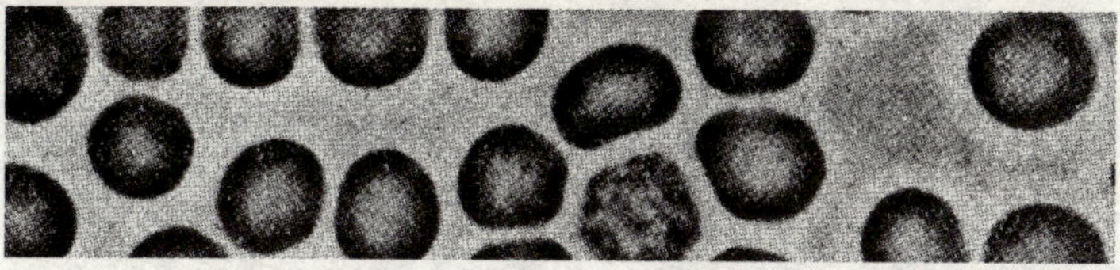

五花八门的干细胞

干细胞的神奇功能

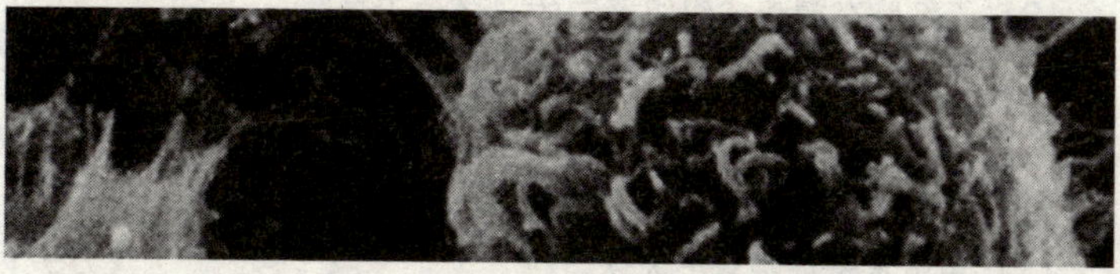

提取干细胞的新方法

展望干细胞工程的发展前景

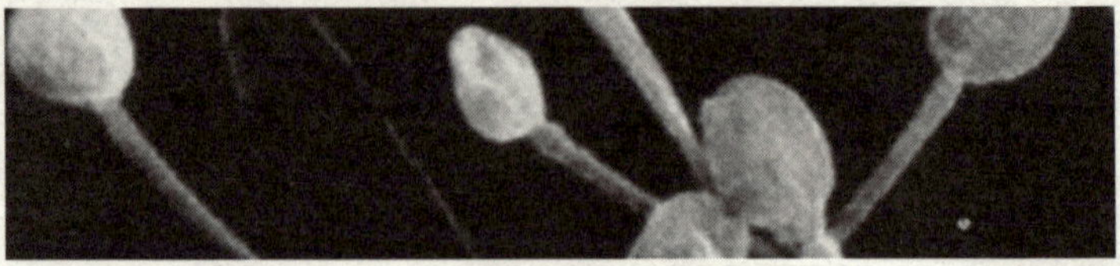

细胞的佼佼者

——干细胞

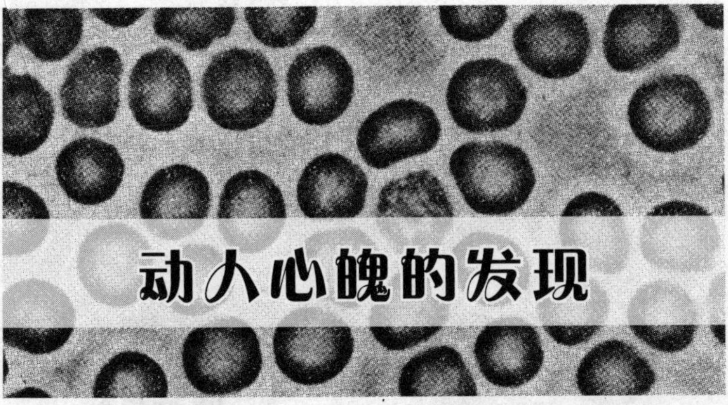

动人心魄的发现

1. 小蝌蚪的演变术

大千世界，形形色色的生物使我们目不暇接，从中会发现许多惊人的现象。

在春暖花开的春天，田野里的河沟或池塘中会发现成群结队的小蝌蚪在水中嬉戏，其实它们并不属于鱼类。如果你经过一段时期的仔细观察会发现，小蝌蚪在幸福的生活里不知不觉地长出了四肢、丢掉了尾巴；消失了鳃、生出了肺；面目一新，逐渐变成一点也不像蝌蚪的青蛙（图1）。这种神奇的演变会使人惊叹不已，原来小蝌蚪是青蛙的孩子！我们进一步追溯小蝌蚪的前身，却是青蛙妈妈生下来的，如黑点子那样的、直径只有几个毫米、什么构造都看不清的卵。小蝌蚪是从卵演变出来的。

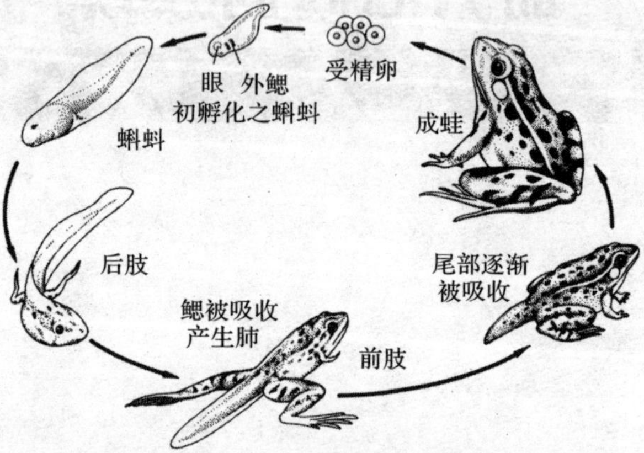

图1　青蛙的发育过程

我们日常接触到的一切生物，它们的生涯都是从卵开始，经历种种不寻常的变态，发育成个体，最终死亡。这一过程所发生的变化，都是很惊人的。最初的卵不过是近似于球形的单细胞，但最后却演变成一个具有多种多样细胞、俏丽外表的个体。再看看它的内部，就会见到心脏、肝脏、肺和肾脏等等具有独特形状、结构和功能的器官。如果用显微镜观察，则会看到神经细胞、血球细胞、肌肉细胞等许许多多千差万别的细胞类型。这些细胞的产生，其实都是受精卵这样一个细胞的子孙后代，它们都是亲属。作为一个单细胞的小家庭怎样变成多细胞成体的大家庭呢？

2. 细胞分化的奇观

一个生物从受精卵开始演出了它的一生，这样一台精妙的戏剧，用生物学的语言来说就叫做发育（或称发生）。从卵发育到个体的过程中要出现许多变化，这些使人惊奇的千变万化并不是杂乱无章的，它像演戏一样，一幕一幕地演出戏剧的情节。受精卵的发育过程总是在生涯的某一个规定时期和在身体的某一规定场所出现变化。

生物的发育过程在高等动物的生长中是最奇妙的。受精卵进行一系列有规律的变化，先变成胚胎，然后进一步发育成幼小动物，以后又生长成熟达到成年。达到成年顶峰以后，又经历一系列的退化变化，最终导致死亡。在成熟时，动物排卵或排精，于是又开始了新一代发育的另一个周期。

高等动物的受精卵究竟是怎么发育成幼小动物的呢？这里涉及发育的三个中心问题：受精卵的细胞分裂（生长）；胚胎细胞的分化（成长）和形态发生（成体形成）。每一个生物体从开始发育的时候起，到完全成熟能够产生后代为止，这一发育过程叫个体发育。个体发育一般可分为胚胎发育和胚后发育两个发育阶段。胚胎发育是指在卵膜内或母体内的发育过程。在发育的初期，胚胎往往与亲体很不相似，以后才逐渐地变得与亲体相似了。完成胚胎发育的个体，离开了卵膜或亲体的时候，叫做幼体。它继续发育和生长，才逐渐达到成熟期，这就是胚后发育。下面我们着重介绍胚胎发育的过程。

（1）受精卵的分裂

卵子受精以后，不久就开始分裂（图 2）。受精卵的分裂过程，跟普通的细胞分裂是相同的。受精卵的顶端叫动物极，底部叫植物极，像地球的两极一样。细胞分裂时，卵并不增大。受精卵一再分裂成为许多越来越小的细胞。早期分裂一般是同步的，卵先分为 2 个细胞，2 个又分成 4 个细胞，4 个细胞再分成 8 个细胞，这时候因为细

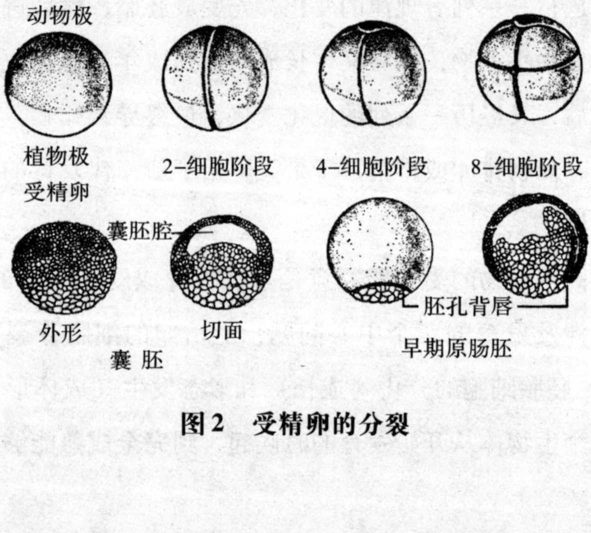

图 2　受精卵的分裂

胞都近似圆球形，所以在 8 个细胞的中央就出现了一个小空隙，里面有胶水状的液体充满着。受精卵分裂成 32 ~ 64 个细胞的时候，细胞中央的空隙还很小，这时细胞密集地堆在一起，成为一个实心的细胞团，好像桑葚一样，称为桑葚胚。桑葚胚再经过细胞分裂，细胞达到 128 ~ 256 个时，这些细胞排列成很整齐的一层，中央留出了一个很大的空腔。这时候的胚好像一个小皮球，人们称为囊胚（图 3）。它中央那个大的空腔是从小空隙扩大而成的，人们叫做囊胚腔。如果我们把囊胚从正中切开，就成为两个半球状的空囊。用显微镜观察，可以看到每个细胞靠外表面的一头略大，向空腔的一头略小，每个细胞的形状都有点像楔子。另外，仔细观察囊胚的形状，就会发现它并不是完整的圆球形，它的动物极是圆球形的，植物极略为平些。植物极的细胞两端大小的差别不大。囊胚形成后，只停留很短的时间，不久它的底部凹陷进去，使胚胎具有两层构造，演变成原肠胚。形成原肠胚的过程是这样的：先在囊胚的底面逐渐变成平面，以后这底面的细胞逐步向囊胚腔内凹陷进去，结果底面的细胞和动物极的细胞贴在一起。这样，原先在囊胚里

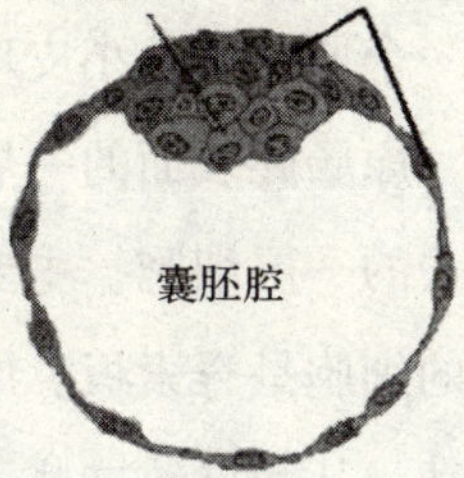

图 3　囊胚的剖面图

的囊胚腔，就逐渐缩小，被挤没了。凹陷进去的细胞层的中央，形成一个新的空腔，这叫做原肠腔。具有原肠腔的胚胎就是原肠胚（图4）。我们用小皮球来作个比喻。小皮球有了破洞，用手指从一边顶它，很容易把小皮球的一边顶进去，使凹陷的一边贴到对面的一边上。这时它恰好像一个原肠胚，小皮球凹陷的空肠就相当于原肠胚的原肠腔。原肠胚表面的一层细胞，我们称为外胚层；凹陷到里面去的一层细胞，主要是内胚层和中胚层；贴在原肠胚背部的细胞是脊索板。原肠胚的形成包括一系列的整体细胞运动，从而导致这些不同胚层的形成。原肠胚形成后又发生很大变化。

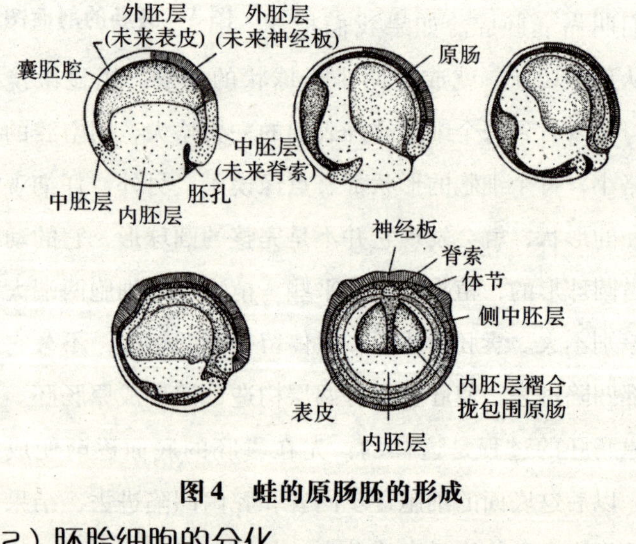

图4　蛙的原肠胚的形成

(2) 胚胎细胞的分化

原肠胚形成终了以后是细胞分裂和器官形成继续进行

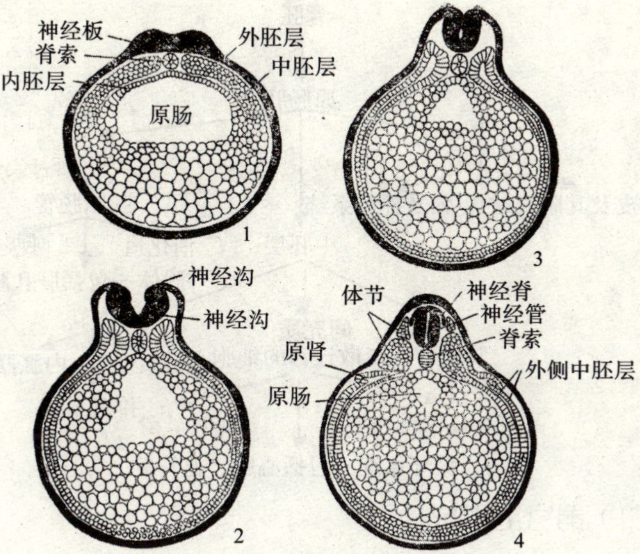

图5　蛙胚胎胚层的早期分化

的阶段，其中最引人注意的是细胞分化和器官产生及发展的过程（图5）。在细胞分裂过程中，从同源细胞新产生的细胞在规定的场所、必要的数量，有的转化为肌肉，有的转化为神经等等特殊类型的细胞。这种现象，就叫做细胞分化。原肠胚形成以后就开始外胚层、中胚层和内胚层的进一步发育。它们的发育过程好像是河流开始时有一条大的河道，然后分开成为几条小一些的河道，这些河道又一再分支，分成许多小河流。原始胚胎的河道是受精卵。三个中间的河道是外胚层、中胚层和内胚层。分支的情况概括如下表。

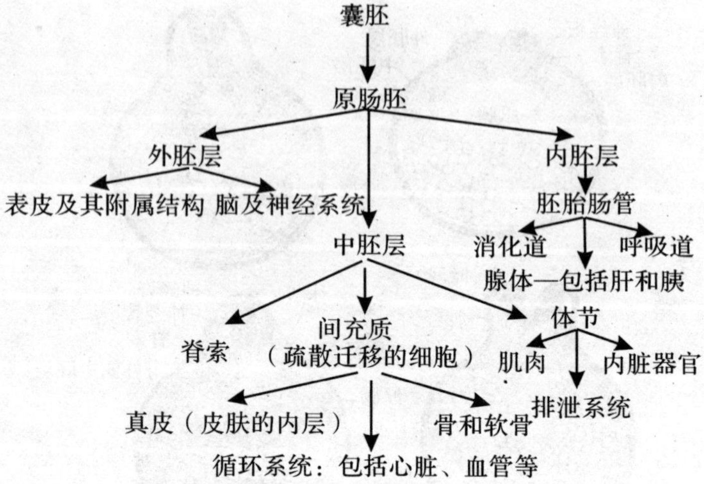

（3）器官的形成

在原肠胚形成接近终了时，紧临胚孔前面的外胚层细胞开始迅速分裂。由于增生而产生的拥挤现象迫使一些细胞位于表面之下，从而出现一个外胚层厚板，这就是神经板。细胞分裂向前方推进，神经板沿胚胎的整个背部中线延伸，逐渐被卷成管，即神经管。它是神经系统（包括脑和脊髓）的原基（图6）。当神经系统形成时，其他部分也进行相应的变化。在外形上，胚胎伸长，刻划出头和躯干区域的轮廓。神经管在胚胎的前端是比较宽的，由于局部膨胀产生三个明显的脑胞，它们是前脑、中脑和后脑。同时，表面的外胚层（表皮）内褶与视杯相遇，形成的褶子与外胚层脱离，最后成为眼的晶体。耳和鼻开始形成时，也是以表皮褶出现的（图7）。在此时期中，脊髓进

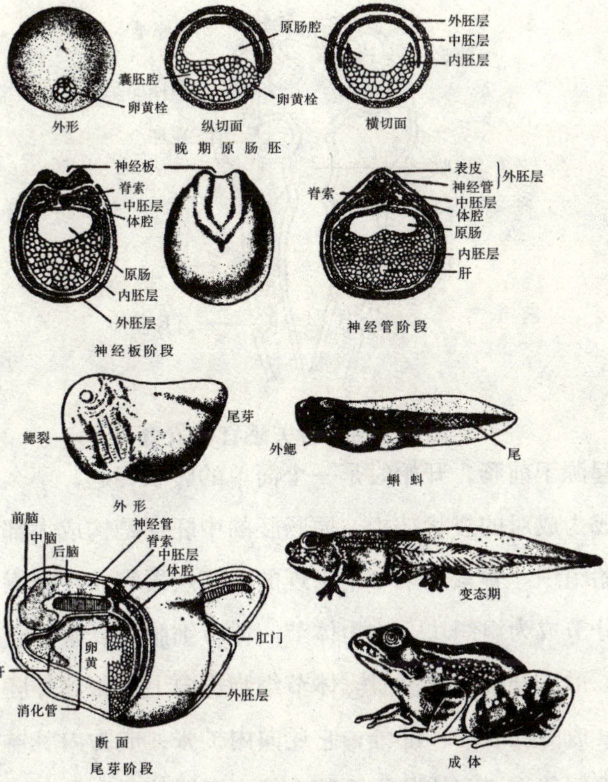

图6　蛙胚发育中器官的形成

行相当大的增长和细胞分裂。中胚层细胞移向脊髓，它们转化为软骨，并骨化成骨组织，形成中空的脊柱及其相连接的肋骨等等。此时的内胚层变成长槽形，卷成一个管，即是原肠，在后面的开孔是肛门，在前面又开一个孔是口。肠是一条从口到肛门的简单管道。在肠的后部有突起、延伸和局部膨大，结果形成胃、肠、肝等器官。肺也

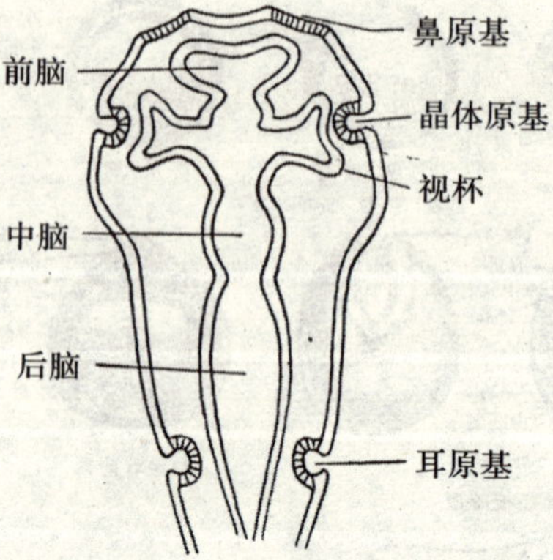

图7　脑与有关感官的发育

是起源于前肠，开始时是一个简单的袋状突起，不久即分枝成为成对的袋状结构。原肠胚的中胚层是构成大部分的胚胎组织。脊索是第一个出现的中胚层器官。在脊索的两侧分节成为组织块，称为体节。体节细胞向脊索和脊髓迁移，形成脊椎和骨骼肌。体节细胞也向上扩张到外胚层下面，成为皮肤的一部分；它还向内扩张，成为内脏器官的表面覆盖物。在体节侧面部分的中胚层能脱离体节，产生肾脏、生殖腺等泄殖道。心脏和循环系统也起源于不是体节的中胚层。关于肢体的发育，首先是出现向外凸出的枝芽，然后迅速伸长。这时中胚层细胞数量迅速增长，并结成一系列的紧密聚合体，相当于成体肢体的骨骼成分。它们发育成为软骨，最后成为骨组织。剩余的中胚层形成肌肉和血管。此时，肢体、关节、指等的外形刻划也已完成。

生物发育的现象不限于高等动物。即使是单细胞生物也经历相应的变化过程。它的生活周期开始于它的亲代分裂成为两个子细胞，最后它自己再分裂为二。在此期间，它的体积增大，原生质的含量增加，并且以有规律的、调节得很好的方式进行细胞成分的合成，发生新的细胞器，而且剧烈地改变它的形态和机能。许多高等原生动物及藻类如草履虫、水螅、伞藻等在这方面都能展示复杂的发育变化。

3. 再生和修复的惊异现象

（1）再生现象

当你在山野游玩的时候，如果窥视一下清澈的溪流中的石块下面，就会找到一种黑褐色的、长1厘米左右的小动物，叫做涡虫（图8）。这种与人类生活似乎毫无关系的小动物，在动物学上却一直很受喜爱。这是因为如果把这种小动物切成碎片，它

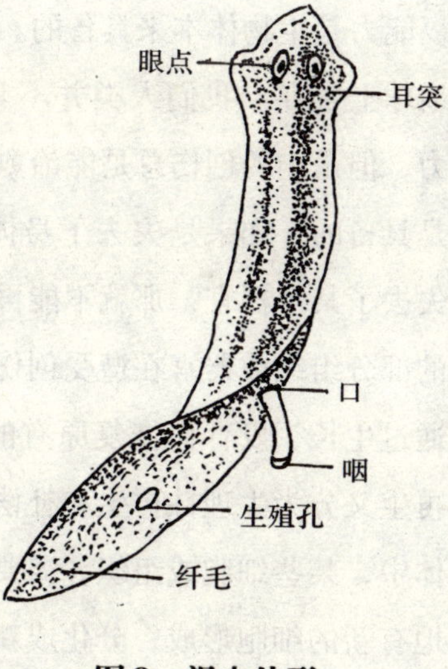

图8　涡虫外形

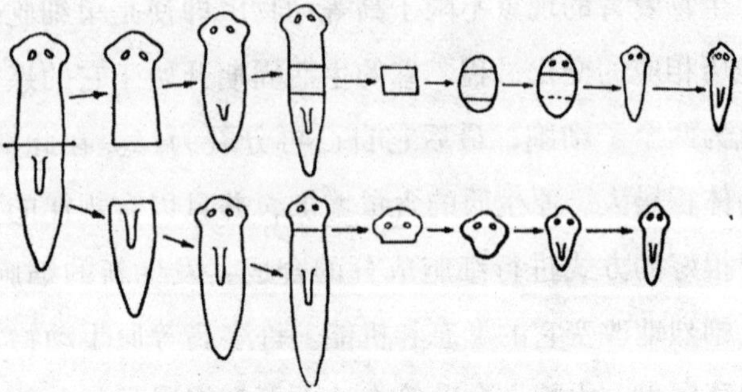

图9　涡虫的再生

不但不死，反而能够从这些小片中各自长出漂亮的、与原来的涡虫一样的个体来（图9）。另外，有些生物如果因某种原因受了伤或者失去了身体的某一部分，它能够治愈创伤，重新制造出失去的部分，进行修复和填补。这种修复能力是生物体本来具备的。没有这种能力，生物很难在地球上生存。我们人类并不具备像涡虫这样强的修复能力，但是小的创伤总是能治愈的，这种程度的修复能力还是具备的。如果是失去了身体的一部分，如断胳膊断腿、失去了某个器官，那就不能再填补和修复了。我们把动物的部分组织或器官在遭受创伤或损失后，留下的部分，能通过生长、发育而恢复原有的状态，这种现象称为再生。再生又分为生理性再生和补偿性再生两类。在已成长的个体中，某些细胞或组织，需要经常性的更换，也就是不断地有新的细胞形成，分化成新的组织来代替老的，因为这是正常的生理现象，所以称为生理性再生。在脊椎动物中如皮肤的角质层、羽、发、血球、消化道的上皮等等，都有生理性再生现象。为什么会产生这种现象？这主要是在这些组织中，有部分细胞始终保持胚胎的发育能力，在整个生命活动过程中，不断地增生新的细胞。另外，有许多组织和器官在成长后能保持一定的状态，里面的细胞就不再分裂，但是如果遭遇创伤而失去一部分，则留下的部分能通过再生而恢复原状，这种现象称为补偿性再生。有时补偿性再生和生理性再生也很难分清楚。在脊椎动物中，当一个器官失去后，另一个器官能过度生长来补偿失去器官的作用，这种特殊的现象称为补偿性调节。以上这些再生的修复现象，对于生物来说，是高度地适应生活的结果，对生物的生存具有重大的意义。

（2）动物的再生能力

各类动物的再生能力是不一样的，单细胞动物如变形虫，若把细胞分割为二，其中含有细胞核的一部分很快就会通过生长恢复原状。腔肠动物如水螅（图 10）、薮枝虫等，再生能力很强，如把它的身体切成若干段，甚至小到只有身体的 1/279，都能恢复成完整的个体，不过它们的体形变得比较小（图 11）。环节动物如蚯蚓等再生能力不如水螅、涡虫，但当切成两段后，每段还能再生成整体的蚯蚓。节肢动物如蝗虫、蟋蟀等的再生能力只限于附肢、口器、复眼、触角等器官。脊椎动物的再生能力一般都限

图 10　水螅

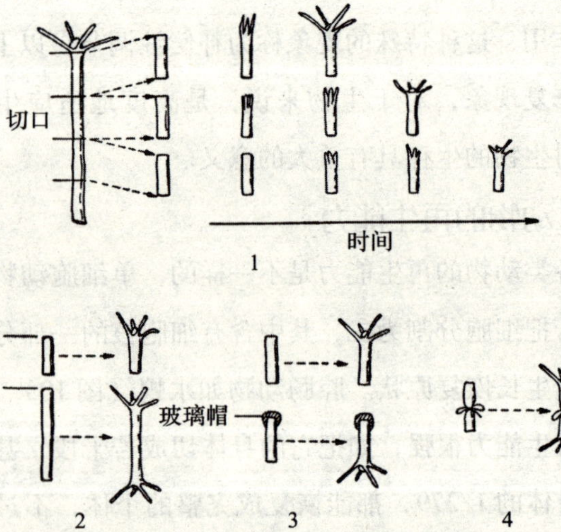

图 11　水螅螅茎切段的再生

1. 远端切段比近端切段发育得更快更好；2. 短的切段只在远端形成新头，长的切段在远近两端都形成新头；3. 如果阻止短切段远端不让它形成新头，则近端代替远端形成新头；4. 如果使一端的切段两端从生理上分离，在两端都有新头形成。

于个别的器官，例如鱼类的鳍、皮肤和鳞片；两栖类幼虫期的附肢和尾部，像青蛙，当它还是小蝌蚪时也有再生能力。爬行类动物如蜥蜴、壁虎等不仅掉尾后可以再生，还有像蝾螈（图12）的一个肢体被切除后，它可以再生一个，与原来一样，而且在受到惊扰时它们还会利用脱尾能力来自卫（图13）。鸟类的喙、肉垂和肉冠，哺乳类的皮肤、骨骼、肝、胰等也有再生能力。例如，科学家在猴子和其他哺乳动物进行肝、脾的切除试验中，发现被切除2/3的肝脏或被切除9/10的脾脏，都在数周内恢复到正常的体积。

图12　蝾螈

从以上这些例子来看，低等动物的再生能力比高等动物强，但这种现象也不尽然。例如，同属一类的低等动物，再生能力也不一样，也有高有低。像同属腔肠动物，水螅再生能力极强，而水母，如栉水母等几乎不能再生，如被割裂，就会死亡。同属扁形动物，涡虫的再生能力很强，而吸虫就没有再生的能力。在高等动物中，原来不能

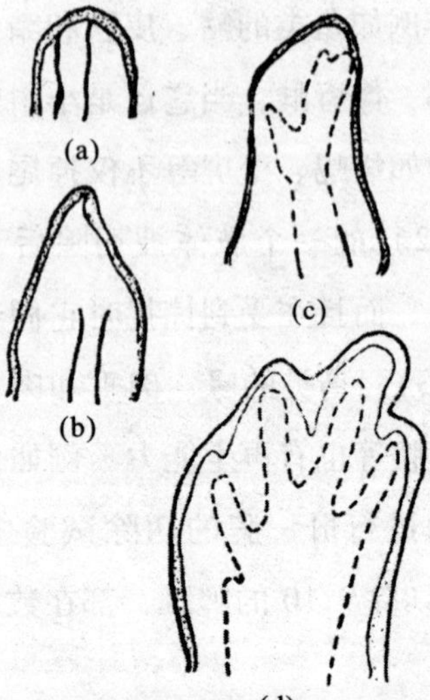

图13　蝾螈肢体再生的各个阶段

（a）切除后3天，外胚层已覆盖伤口表面。（b）锥形芽基，注意顶端外胚层加厚。（c）软骨状足的构造开始形成。（d）五指阶段，已明显确定软骨状足的构造。

再生的组织在一定的条件下也能再生。例如，成年青蛙的肢体原来不能再生，如以食盐溶液每日涂擦伤口，或以60～70℃的热水刺激伤口每周两次，或用针刺激伤口，都能引起蛙肢的再生。说明蛙肢是有再生潜力的，不过这种潜力受其他因素的抑制而不能表现出来。由此可以看出高等动物许多不能再生的组织，如给以适当的刺激或条件，有再生的可能。以上这些例子说明再生能力是生物的适应性，凡是容易遭受损伤的个体或器官，它们的再生能力就强；不容易受损伤的，再生能力就弱。涡虫体软弱而易损伤，再生能力就很强；吸虫寄生在其他动物体内，不易受损害，再生能力完全消失，这就是明显的对比。

（3）奇怪的异型再生

一般都认为再生是失去部分的复制现象。所谓复制是指重新建造无论在大小和形态上都与原来分毫不差的部分。但是也有例外现象发生。例如，切断龙虾的眼柄（这种动物的眼睛突出在外，有活动的柄长在头部，称为眼柄），除去眼睛，以后再生出来的不是眼睛，而是触角。如果切去螳螂的触角，则会再生出“肢”来（不是眼，也不是翅膀等）。像这种现象，再生出来的器官与原来的不一样，这种现象叫做异型再生。

异型再生，虽然说是例外现象，但也不是杂乱无章地发生的。因此，这一事实使人们预感到再生的形态重建是很稳定的，可能存在一个对所有生物都普遍适用的“再生规则”，这个规则可能就是生物“造形”的重要基础。建造“活体形状”的法则，像遗传学中的孟德尔定律一样，再生是非常丰富多彩的。

（4）探索再生的规则

我们先以低等动物为例，涡虫也好、水螅也好、蚯蚓也好，如果把这些再生能力强的动物切去头部或尾部，它们都能完全地、正确地复制出失去的部分。如果把它们的头部和尾部都切去，从残留的中间部分能再生出失去的头部和尾部，而且原来是头部的方向再生出头部，原来是尾部的方向再生出尾来。现在做这样的实验，把切断的部位试作种种变换，看看结果如何（图 14）。图 14 中 C 的部位，比 A、B 更靠近尾部。把涡虫像图中的 I 那样切断，从 C 侧再生的是尾。但是像图中的Ⅱ那样切断，从 C 侧再生出来的却是头。这一系列的现象，如同把磁石切成两段所看到的情况一样。生物是具有头极和尾极的极性的，似乎由于这种极性的存在，决定着再生出来的将是什么。不过也有例外的现象，如果把涡虫切得更细，来观察极薄断片的再生，往往出现不能保持原来那种磁石的极性。也就是从原来的尾部方向长出了头（见图 14 中的Ⅲ），或者原

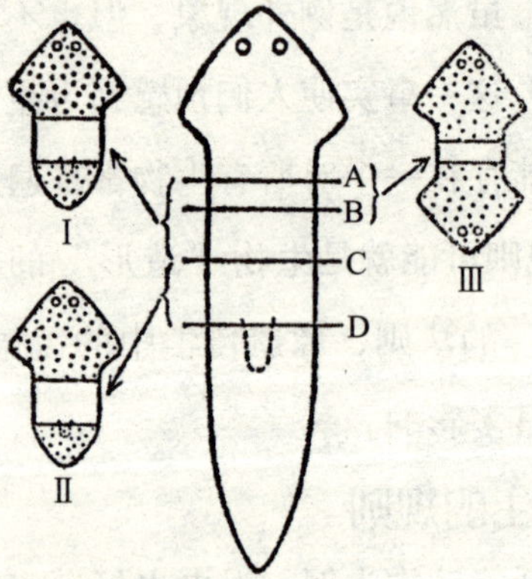

图 14　涡虫的切割再生实验

涡虫在 A、C 处或 C、D 处切断，断片各自再生出完整的涡虫身体。但是在 A、B 处切断，断片两端都再生出头部。再生的部分以黑点表示。

来的头部方向再生出尾，出现两端形成两个头或者形成两个尾的畸形。诸如此类的实验事实，除涡虫外，在其他再生能力强的动物再生实验中也常常看到。像前面介绍的异型再生也属于这种情况。为了说明这些现象，在1910年美国一位科学家C·M·蔡尔德提出了所谓的“代谢梯度学说”，在生物体内代谢活性是有差别的，其中以头部为最高，向着尾部渐渐减少。由此，不管在什么部位切断涡虫，在残存断片中，依存着原来的梯度，从活性较高的一方再生出头，较低的一方再生出尾。以后，在1941年他又提出在各种器官的发育中存在不同的诱导物质，这些不同物质的作用促进发育。不过，这种学说并没有很大影响。在1940年前后，瑞典的研究者用海胆胚进行的研究出色地提示了在卵内存在着两个梯度，唯有它们才是使个体得以发育的基本条件。这些研究直到今日仍有不朽的价值。

关于再生的机制问题，一直是科学家近几十年来探索的热点问题。随着生物科学的发展，研究手段的不断进步，对再生机制的认识越来越深入。对再生细胞的来源有许多不同的看法。有些学者提出再生芽的观点，他们认为动物肢体遭遇创伤，伤口的各种已分化的细胞，如骨细胞、肌细胞等有去分化能力，即从已分化的状态回复到未分化的胚胎状态，然后进行分裂，形成再生芽。然后这些新增生的细胞再重新分化，形成失去的部分，来自肌细胞的新细胞分化为新的肌细胞，来自骨细胞的新细胞分化为新的骨细胞。另外，还有一些学者认为在成长的个体内有贮备细胞，这些细胞在胚胎发育的过程中一直不分化或少分化，保持胚胎期的发育潜力，再生芽的细胞就是从这种细胞分裂而成的。另外，还有人提出纤维母细胞是形成再生芽的主要力量，新增生的细胞经过分化便形成失去的组织。不论再生细胞的来源怎样，它们都遇着一个相同的问题，就是这些细胞为什么一定要在受伤后才形成和分裂？受伤带来了什么刺激？这又是一个大问题。以下主要有几种学说：①认为当组织或器官受到损伤时，在创伤处分泌一种物质叫创伤激素，这种物质能刺激细胞分裂，引起再生。②认为组织受到创伤时，受伤的组织解体，刺激细胞分裂，引起再生。③认为是平衡受破坏的结果，在成长个体中各部分都处于一定的平衡和相互制约的状态，如果一部分组织或器官受创伤或被割除，平衡遭到破坏，即引起再生，建立新的平衡。

新增生的细胞分化成的新组织和器官为什么会和失去的一样呢？其实再生组织的分化和胚胎发育时期一样，也是受周围组织的影响，留存的组织可起诱导作用，另外神经系统和内分泌也有巨大影响。例如两栖类幼体的尾巴再生能力很强，但是如果将和切口有关的脊髓部分破坏，则尾部就不能再生。另外，再生分化也和胚胎发育期一样，要求比较严格的环境条件，如营养物质和氧气的供应以及温度等都对再生发生影响。

以上研究再生的机制在医学实践上有重大意义，如果我们能掌握再生的规律，我们就能控制再生，或者使不能再生的组织能再生，或者促进再生的速度，这样有助于创伤的恢复，对人保护健康有重大意义。

4. 神秘干细胞的发现

（1）再生和修复现象的启示

再生和修复现象，不单是发生在动物体失去的部分，或者发生在受到创伤的地方，在我们的身体中，每天都在进行着衰老细胞和新生细胞的交替换代，这种替代过程也伴随着细胞的分裂和分化。不过，在我们的身体里，既存在着活跃地进行交替换代的细胞类型，也存在着几乎不作交替，一旦分化就保持原样直到终生的细胞类型。神经细胞就是后者的代表。相反，体内最活跃地进行替代的要数血球细胞和上皮细胞。

哺乳动物的红血球中，细胞核已经消失，而细胞核含有遗传信息载体的 DNA，它是细胞机能的中枢司令部，细胞的分裂和分化，都与基因的作用有关，因此，红血球已经完全丧失了细胞分裂的能力，它非常短命，在“拼命工作”之后，就像蜉蝣昆虫那样，在短时间内就断绝了它作为细胞的生命。由此，在我们人的身体中，每日每时都有大量的红血球死亡。每天必须补给与之同样多的红血球。为了实现这种替代的过程，理应存在一种还未分化成红血球的造血细胞，它们具有不竭分裂能力的所谓红血球的种子细胞。以后人们就把这种作为种子的细胞都叫做“干细胞”。除红血球外，替代显著的细胞如肠上皮细胞，也应有它的干细胞。另外，进一步说，当我们受了创伤，失去了一些肌肉时，也许存在肌肉的种子细胞，发挥机能补充缺损的肌肉。低等动物的活跃的再生能力，也推测一定存在大量的干细胞，才能实现再生和修复的可能。

最初，提出“干细胞”这一用语是为了说明现象，而提出的概念，其实并没有确切地发现“干细胞”，只不过是虚幻的细胞。后来对“干细胞”有进一步认识，我们体内的血球细胞，并不只有红血球，还有白血球、血小板（图15）。白血球还可以分为淋巴球、嗜中性球以及其他多种类型的细胞。每种类型的血球，都具有各自不同的机能和分化状态，像“铁路警察各管一段”，发挥各自的作用。如果考虑这一事实，那么上面说的干细胞的概念就变得更加复杂了。这就产生这样一个问题，作为干细胞是否具有多种分化能力呢？从构成生物身体的已经分化的细胞，尽管是多种多样的，它们全都是受精卵这一细胞的子孙后代，换句话说，受精卵是全能的。在极早期的胚胎上，某一部分将来怎样分化，从细胞谱系的观点看，实际上隐秘着非常广泛的、潜在的具有向某种方向分化的干细胞；从分化的角度来看，它是多能的；从遗传的角度来看，细胞的分化也是受基因调控的。通过血球的分化，使我们认识到即使在成体体内，发育现象仍在不断地继续进行着。

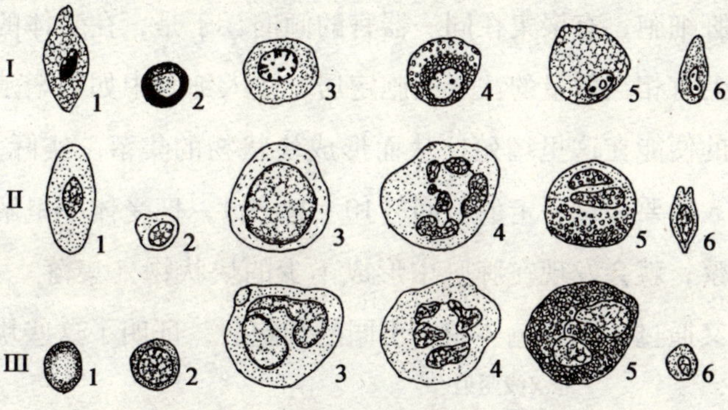

图 15　脊椎动物的血细胞

Ⅰ. 硬骨鱼　Ⅱ. 蛙　Ⅲ. 人

1. 红细胞　2. 淋巴细胞　3~5. 其他白细胞　6. 血小板

(2) 具有分化能力的干细胞

哺乳动物血球研究已有很久的历史。在 1920 年就曾预测过，可能存在具有多分化能力的干细胞。不过，预测的根据并不是实验的证据，只是纯形态学的东西。也就是说，在脾脏或者骨骼等产生血球细胞的场所，仔细观察细胞，如果找到与其他细胞稍有不同的细胞，就认为这可能是干细胞。这种确定干细胞的方法，不是十分科学的。那么有哪些方法能经过实验研究血球细胞的分化呢？在1950年建立了一种非常巧妙的方法——脾脏集落法（图16）。这种方法是这样的：把设想存在干细胞的小鼠的脾脏或骨髓的细胞取出，把它注入到同一遗传系统的别的小鼠体内。接受注射的小鼠叫受体，对它先照射适当剂量的X放射线，抑制受体本身的细胞分裂。注入在受体体内的脾脏细胞，有聚集在同一器官的倾向，于是，在受体的脾脏上有相当数量的注入细胞定居。注入细胞中如有增殖能力的便能在这里增殖，从而形成块状物的集落。实际上，注入后要经过一定的时间（10～14天），把受体小鼠解剖观察，就会发现在脾脏中形成不少的块状物（集落）。以后又通过注入染色体稍有不同的细胞后，证明了这些块状

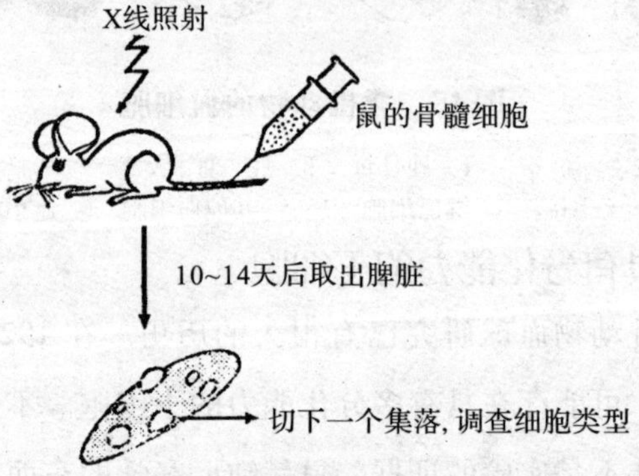

图16　脾脏集落法示意图

物是从单一细胞分裂产生的后代，也就是说它是由一个细胞克隆出来的。如果从这一块状物中能分化出多个类型的血球细胞，那么可以得出结论：原初注入的这一细胞不仅具有分裂能力，而且在它的后代（克隆）中会产生多种类型的细胞，说明它还有多分化能力。这一方法还有另一个优点：因为一个块状物就是一个克隆，所以注入多少个细胞可以形成多少个克隆，由此可以推算多少个脾脏或骨髓细胞中含有多少个可能分裂和分化的细胞，也就是能够形成多少个克隆的细胞。

自 1960 年以后，科学家不再采用脾脏集落研究的方法，而用试管内培养的细胞来研究血球细胞的增殖和分化。从中发现在很大程度上细胞分裂要依靠促进血球干细胞分裂的物质。现在已经弄清楚，它是蛋白质与细胞表面的糖分子结合的物质，由此带来细胞表面的变化，进而促使其分裂。另一方面，在动物细胞合成的物质中，也有不少刺激和促进“干细胞”分裂的物质。特别是把动物的各种组织细胞在试管内短期培养后，在培养液中就能找到具有促进细胞分裂的特别效果的物质。因此，使用加入具有这种效果物质的培养液，便能使血球干细胞的试管培养获得成功。

（3）真实存在的血球干细胞

培养血球细胞的技术后来有很大改进，其中有一个诀窍是不把细胞放入液体培养液中，而是放在软琼脂（培养液和琼脂的混合物）中进行培养。这样一来，由一个细胞分裂产生的后代细胞，也就是克隆出来的细胞，在琼脂上会形成一个集落，因此能分别确认一个克隆的存在。为了确定细胞的性质，可以把其中一个克隆细胞取出，再把它们注入经 X 射线照射的小鼠中，就能确实知道从一个克隆将分化成哪些类型的血球细胞。按照这样的方法，通过实验确实证明在哺乳动物体内蕴藏着如血球干细胞那样的不仅具有分裂能力，而且具有多分化能力的细胞。

可以预想，在年幼的动物体内，干细胞的数量一定较多。因此，在实验中常用胎儿的血液细胞进行培养（图 17）。当一个细胞经过两次分裂形成 4 个细胞的克隆时，

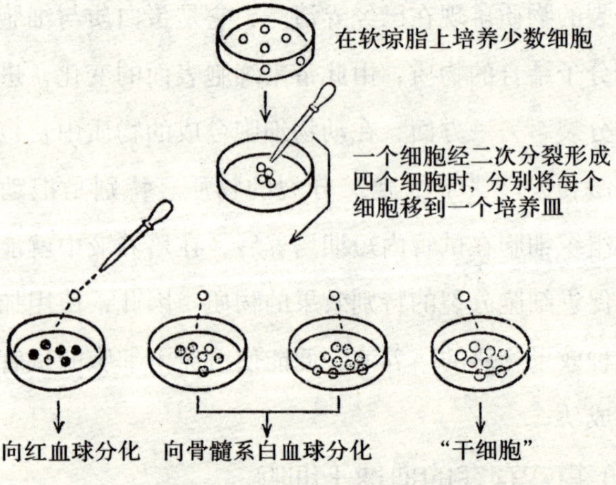

图 17　用培养实验方法证明血球干细胞的存在

把它们一个一个分别培养并作观察。这 4 个细胞中，至少有一个具有原来同样的多分化能力而继续分裂，也就是说，干细胞仍然存在。其余的 3 个细胞，它们具有足够的分裂能力，但是失去了多分化能力，有的只能分化为红血球，有的只能分化为嗜中性球（巨噬细胞）。这 3 个细胞中每一个都有分裂能力，在这点上，它们具备了作为干细胞优异性能的一半，但它们失去了多分化能力，这是在两次细胞分裂期间，决定了它们将来分化的方向。通过以上实验充分证明在生物体内确实存在干细胞。

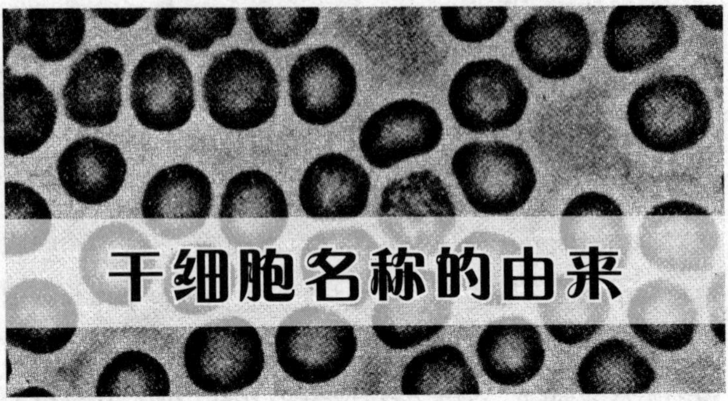

干细胞名称的由来

1. 干细胞研究的起源

“干细胞”一词最初是在 19 世纪生物学文献中出现，一直到现在许多文献仍然引用。这个名词最早应用是在 1896 年，E·B·威尔逊在论述细胞生物学文献时，专门用来描述存在于蠕虫、线虫、蛔虫等寄生虫生殖系的祖细胞，当时人们认为干细胞只是能够产生子代细胞的一种较原始的细胞。随着科学的进步和实验工具的发展，人们对干细胞的认识也逐渐深入。1983 年苏尔斯通过对线虫细胞系的研究，清楚地表明生殖系祖细胞的发育潜能在每个连续的分裂过程中发生了明显的改变，结果是早期细胞分裂的产物仍保持了有关亲代分裂球的特性，并且证明具有自我更新的能力，这一点发现正是目前所认为的干细胞特征，而不是早期的细胞系的特征，此时，对干细胞才有了较全面的认识。

人们开始认识研究干细胞的应用价值是从 1967 年开始的，美国华盛顿大学的多纳尔、托马斯发表报告称，如果将正常人的骨髓移植到病人体内，可以治疗造血功能障碍。由此开始研究临床应用干细胞治疗血液系统的疾病。1998 年美国威斯康星大学的科学家在《科学》杂志上报告说，他们已成功地使人类胚胎干细胞在体外生长和繁殖，于是带动了世界范围的干细胞研究热潮。此项研究进展使科学家们看到了干细胞生物工程的曙光：可以在体外培育所需的细胞、组织和器官，以取代病人体内的损坏细胞、组织和器官，保持人体健康。

2. 什么是干细胞

前面我们提到过：如果人的皮肤划伤了，伤口会在几天内愈合；腿摔断了，如果骨头的复位较好，骨折也会渐渐痊愈；在生命过程中，人体有些细胞如皮肤、小肠和血液细胞等需要不断更新；几乎所有的人体组织都能在一生中不同程度地修复自己，在这个过程中，干细胞的功劳不可磨灭。那么，干细胞究竟是什么，它到底有什么样的魔力呢？干细胞的英文是 stem cell（SC），“干”应读成 gàn，是“树干”和“根源”的意思。类似一棵树干可以长出树杈、树叶、开花和结果等。干细胞的定义多年来不断进行修正。大多数生物学家和医学家认为干细胞可以理解为某些细胞的源头，它存在于人体的各个组织、器官中，它几乎能够无限制地增殖，在特定条件下，它能够分化成具有不同功能的细胞，尤其在胚胎发育的早期，能够发育成构成身体器官的各种类型的组织。由于干细胞具有再生为各种组织、器官的潜能，医学界称其为“万用细胞”。近年来，科学界公认的干细胞定义是：具有自我更新、高度增殖和多向分化潜能的细胞群体，这些细胞可以通过细胞分裂维持自身细胞群的大小，同时又可以进一步分化成为各种不同的组织细胞，从而构成机体各种复杂的组织器官。

关于干细胞的分裂其实是不对称的，也就是分裂出来的两个子细胞是不同的。一个不会分化，保持原来干细胞的特性；另一个则能分化为具有特定功能的细胞。所以干细胞不会因为分化而减少，它一直存在。

从功能上看，干细胞就像是机体的维修工，哪些细胞受损了或者衰老了，特殊的生长因子或信号分子就通知它们产生新的来替换，使机体保持正常。血中的所有细胞如红细胞、白细胞、血小板等都是由骨髓中的造血干细胞产生的。我们都知道，献血不会影响健康，就是因为造血干细胞会去补充缺少的血细胞。另外，科学家还发现骨髓中的造血干细胞能分化成意想不到的细胞：可以变成肌肉细胞，甚至能长成脑细胞或肝脏细胞。人类疾病的产生一般是由于器官、组织、细胞的损坏或死亡造成的，例如角膜损伤或病变会引起失明；胰腺的胰岛细胞不能分泌胰岛素会导致糖尿病；心脏房室间隔或瓣膜细胞缺损会引起心脏病；大脑中某一部分神经细胞病变会引起痴呆或者肢体的震颤麻痹……等疾病。干细胞则可以修复那些不能再生的被损坏的器官和组织，从而治疗癌症、心肌坏死、神经退行性疾病等几乎所有疾病，并且还可以取代异体间器官移植。由此，使我们感到干细胞能再生人的各种细胞甚至组织器官，真是太奇妙了！由于干细胞在糖尿病、帕金森综合症、老年痴呆症、重症肝炎、角膜病和白血病等多种疑难病症的治疗上前景可观，如果经人体临床试验成功，干细胞的潜在效益将会十分惊人。灿烂的应用前景会应运而生，与干细胞技术相关的产业，成为生物技术领域最热门的产业之一。

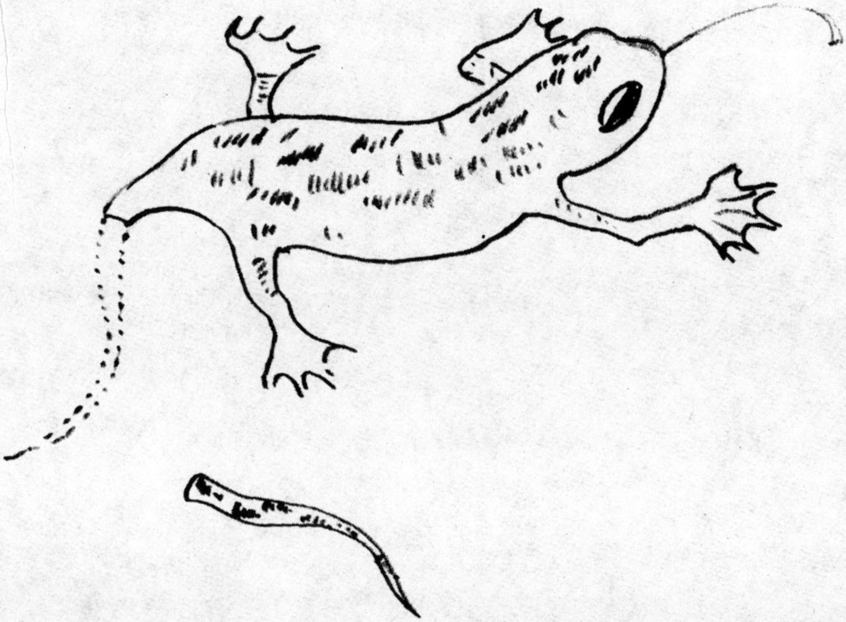

五花八门的干细胞

“会七十二变”的全能干细胞

干细胞有不同的分化能力，就像孙悟空会七十二变，变成各种各样的生物和物种。按干细胞分化潜能的大小，基本上可以分为以下三种类型。

全能干细胞是指具有无限的分化潜能，也就是具有形成完整个体的分化潜在能力，能分化成所有组织和器官的干细胞。如胚胎干细胞（图 18）便具有与早期胚胎细胞相似的形态特征和很强的分化能力，可以无限增殖并分化成为全身200 多种细胞类型，进一步形成机体的所有组织、器官。

图 18　胚胎干细胞

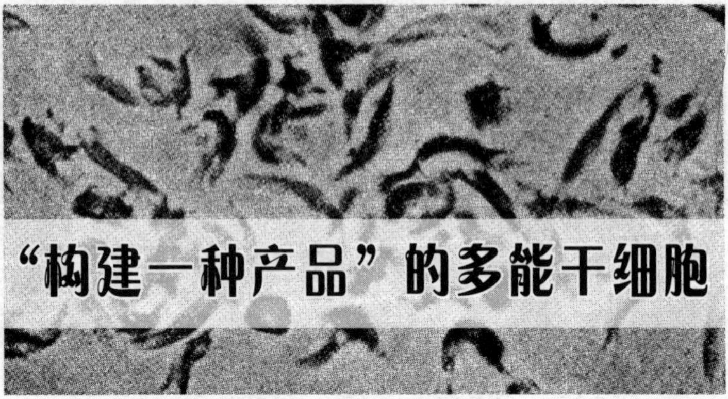

“构建一种产品”的多能干细胞

多能干细胞是指具有分化出多种组织细胞的潜能，但是却失去了发育完整个体的能力，发育潜能受到一定限制。例如骨髓多能造血干细胞（图 19）是典型的例子，它可以分化出至少 12 种血细胞，但是不能分化出造血系统以外的其他细胞。

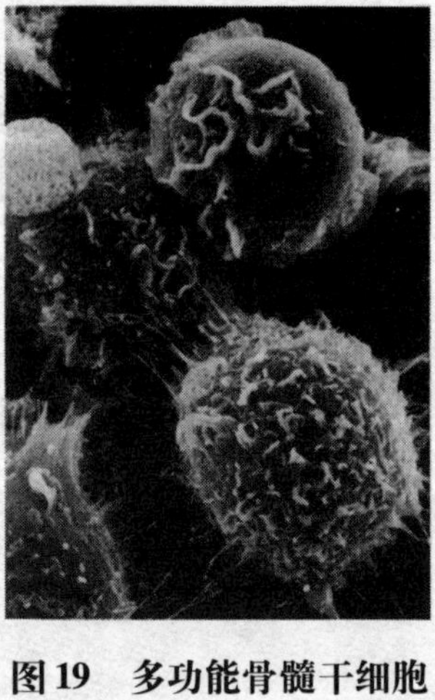

图 19　多功能骨髓干细胞

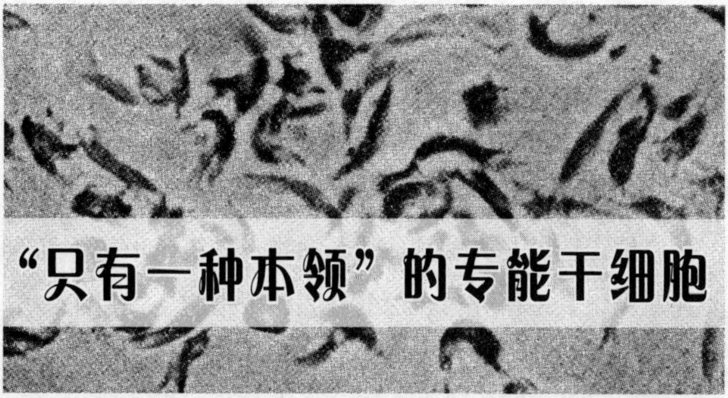

“只有一种本领”的专能干细胞

专能干细胞也称为单能干细胞和偏能干细胞。这类干细胞只能向一种类型或密切相关的两种类型的细胞分化，如神经干细胞是专门分化成神经元和神经胶质细胞的专能干细胞；上皮组织层干细胞、肌肉干细胞等也属于这种类型的干细胞。

干细胞是一类特殊的细胞，它们最显著的生物学特性是既具有自我更新的能力，又具有多向分化的潜能。根据组织发生的名称也可以进行分类。目前，已经从许多组织或器官中成功地分离出干细胞，其中包括：胚胎干细胞、造血干细胞、骨髓间质干细胞、神经干细胞、肌肉干细胞、成骨干细胞、内胚层干细胞、表皮层干细胞、视网膜干细胞、胰腺干细胞等。今后随着干细胞研究的进展和深入，一些命名的含义将会更加丰富。

以上说明的是人和其他哺乳动物一些组织中的干细胞研究情况，其中研究得较深的是胚胎干细胞、造血干细胞和表皮干细胞；对在正常情况下具有非常有限再生能力的组织，如脑和肝脏中的干细胞了解还很肤浅。关于单细胞生物和低等动物也有类似干细胞那样的细胞。具有惊人再生能力的低等动物即使失去了大部分身体，从残留的一小部分身体中也能再生出完整的动物体。在这样的动物体内，有很多具有多分化能力的、能分化为体内任何一种细胞类型的细胞，一旦动物体被切断，这些细胞就开始分裂和分化，修复丧失的那部分身体。具有这种性质的细胞，理应与干细胞属于同类，只是在再生的场合称它为再生细胞。像前面提到的水螅的再生芽和具有新生细胞机能的在外层皮肤和内层消化管之间的间细胞都具有很强的分裂能力，间细胞能够分化为刺细胞和神经细胞这两类型细胞，起着种子细胞的作用。另外，在脊椎动物中，有尾两栖类动物蝾螈也有很高的再生能力。如前面提到的切断蝾螈的肢体，经过十天时间，在切割面上会形成花蕾状的突起（图20）。如果查一下蕾突中的细胞，进行着很多细胞分裂状态，看来这里确实是生产再生必需的细胞场所。蝾螈再生的新肢中有各种各样类型的分化细胞，这些细胞几乎全部是由这一蕾突中的细胞形成的。所谓几乎全部，还不能说是全部，因为确实有例外存在。例如，皮肤外侧的表皮细胞在肢切断后并不失去原来特征，也不进入蕾突中，仍照表皮细胞分裂，被覆于再生肢的外侧。另外，再生肢内部的细胞，也是由蕾突中的新分化而来的。由以上这些实例说明低等动物体内也存在多种类型的干细胞。

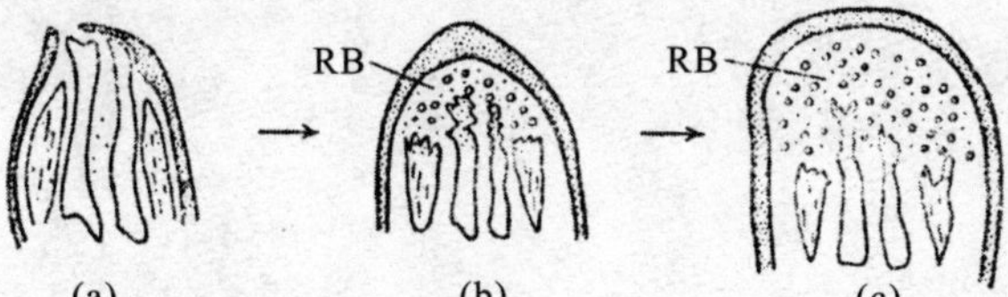

图 20　蝾螈断肢后产生的蕾突

若把蝾螈的肢切断，首先表皮覆盖于切口（a），不久形成花蕾似的突起（RB）（b），其中可以看到进行旺盛分裂的，但什么特征也没有的细胞（C）。

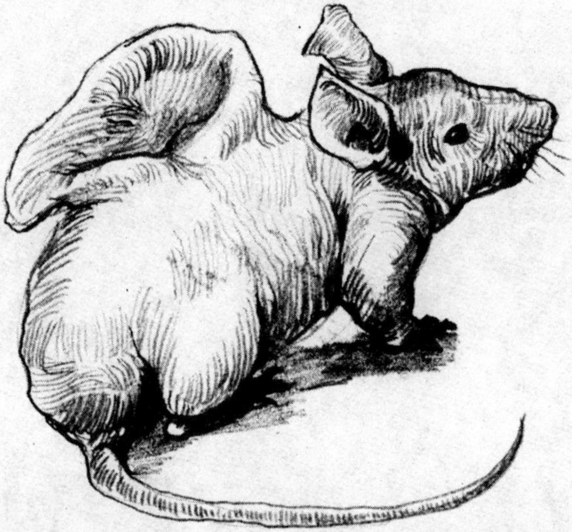

干细胞的神奇功能

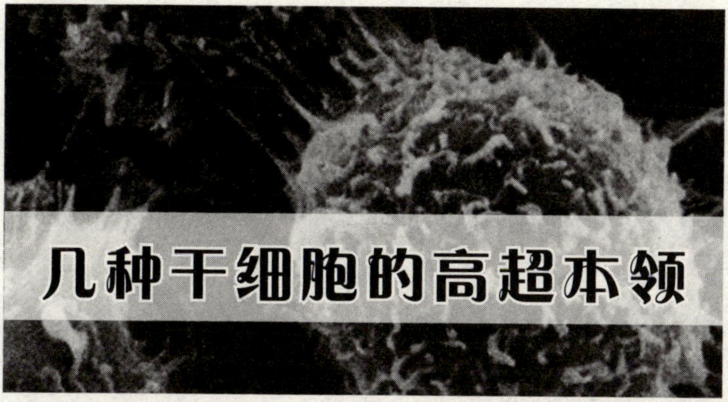

几种干细胞的高超本领

1. “多面手”的胚胎干细胞

干细胞研究是21世纪生命科学领域的一大热门课题。在各种干细胞的研究和应用中，胚胎干细胞最引人注目。胚胎干细胞（ES细胞）指的就是囊胚中的内细胞群。由于内细胞群与早期胚胎细胞有相似的形态特征和很强的分化能力，可以分化成人体所有的组织和器官，因此是全能的“多面手”干细胞（图21）。

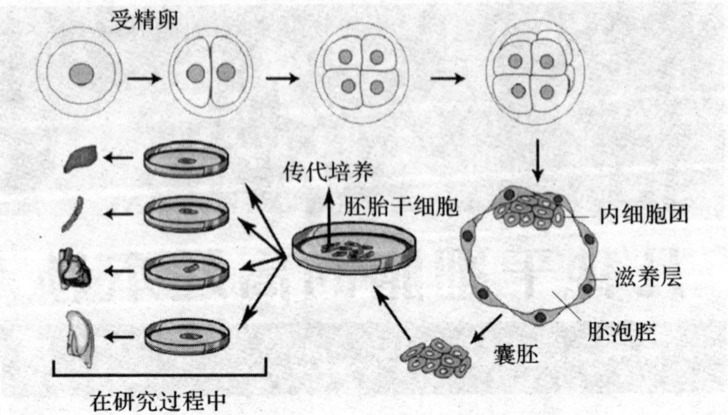

图 21　胚胎干细胞定向分化为各种组织和器官

如何获取胚胎干细胞？首先科学家们研究提取哺乳动物干细胞的方法。早在 1970 年美国加州大学的马丁·伊文斯从小鼠胚胎中分离出胚胎干细胞，并在体外进行培养。这是培养哺乳动物多能干细胞的一个里程碑。随后，马丁教授又创建了另一种获得胚胎干细胞的方法——条件性培养基培养胚胎干细胞，成功地建立了胚胎干细胞系，经过细胞核型、体内外分化潜能的分析，证明分离培养的细胞的确是胚胎干细胞。鲁贝特森等人利用不同品系、染色体不同的小鼠胚胎和具有不同遗传缺陷的胚胎建立了胚胎干细胞系，经过对多能性和嵌合特性的分析，证明是胚胎干细胞。在适宜的培养条件下，胚胎干细胞的特性能连续传 150 代而不变。以后，许多科学家都致力于其他哺乳动物的胚胎干细胞研究，并成功地分离了金黄地鼠、猪、牛、绵羊、山羊和兔等胚胎干细胞，并有部分胚胎干细胞建系也获得成功。以上这些动物胚胎干细胞建系的技术（图22）虽然已经相当成熟，但是人们不禁要问，这些实验究竟与人类有多大关系？从生物的种属上讲，毕竟这些

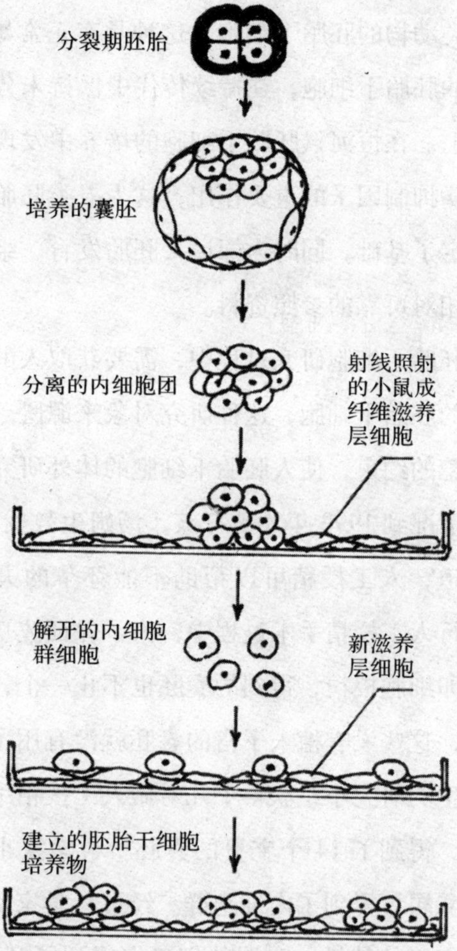

图22　人胚胎干细胞建系技术路线

生物与人在早期胚胎结构上相去甚远。于是曾致力于研究猴胚胎的美国威斯康辛大学汤姆生教授，在1995年从恒河猴的胚泡里分离并建立了胚胎干细胞系，这是第一个建系的灵长类动物的胚胎干细胞。这种具有正常雄性XY染色体核型的胚胎干细胞，在持续传代中保持未分化状态可达一年以上。在恒河猴胚胎干细胞的培养中发现了饲养细胞和白血病抑制因子的重要作用，这为人类胚胎干细胞系的建立奠定了基础，同时为探讨人胚胎发育、组织体外分化提供了相对可靠的参照资料。

在人胚胎干细胞研究过程中，需要获取人的胚胎，从中提取人的胚胎干细胞，这种研究对象来源匮乏，同时涉及伦理道德的约束，使人胚胎干细胞的体外研究一直是空白。这种情况到1998年才被打破，汤姆生教授再创先河。人们都知道，人工授精可以帮助不能怀孕的夫妇得到孩子。在进行人工授精手术过程中，为了保证成功率，通常要取多个卵细胞授精，得到的囊胚也不止一个，当人工授精成功后，这些没有植入子宫的囊胚就没有用了。幸运的是，汤姆生的研究小组获得了几对做人工授精手术夫妇的慷慨捐助，得到了14个宝贵的囊胚！科学家小心地去除囊胚的滋养层，得到了内细胞群。经过科学家验证，它们有胚胎干细胞的特性，说明他们确实得到了胚胎干细胞。另外，约翰斯·霍普金斯大学吉尔哈特教授利用体外授精废弃的受精卵建立了与胚胎干细胞功能相似的多能干细胞系——胚胎生殖细胞系。以上这两个实验小组的研究成果，在杂志上一经刊出，立即引起了研究者们的极大兴趣。这不仅掀起了新一轮的胚胎干细胞研究热潮，还由于人类胚胎干细胞建系及诱导胚胎干细胞分化为神经干细胞和心肌干细胞获得成功，使得胚胎干细胞应用于临床的研究产生了突破性的进展。

胚胎干细胞研究的科学价值在于其诱人的应用前景。如果科学家最终能够成功诱导和调控胚胎干细胞的分化与增殖，将对胚胎干细胞的基础研究和临床应用带来积极的影响，使之有可能在以下领域发挥重要作用：

首先，人胚胎干细胞可以帮助我们了解人类是如何发育的以及什么因素可以对它产生影响。有时候人们将流产、不孕、畸胎等现象归因于环境污染，到底是不是如此？为了验证这一点，可以设计实验，把影响因素分别或者组合起来加到干细胞培养液中，哪个因素让胚胎发育出现了异常，它就是“罪魁祸首”。

干细胞研究还能大大地改变研制药品和进行安全性实验的方法。例如，研究新药的效力、毒性、药理作用等试验时，一般都先在人类或动物细胞培养上进行，如采用干细胞检测手段，可以使更多类型的细胞实验成为可能，不仅会使实验的结果更具有可信性，还会大大减少药物检测所需动物的数量，降低成本。当然这种方法还不能取代在动物和人体身上进行实验。只有细胞培养证明药品安全、有效时，才有资格在实验室进行动物和人体的进一步实验。另外，由于胚胎干细胞类似于早期胚胎的细胞，它们有可能用来揭示哪些药物会干扰胎儿发育和引起出生缺陷。人胚胎干细胞还可以用在其他方面。

最引人激动、最为深远的应用潜力是制造人体组织器官，也就是人们所说的治疗性克隆。许多疾病及功能失调往往是由于细胞功能障碍或组织破坏造成的。由于干细胞具有分化特性，理论上，所有由组织器官损伤所导致的疾病都可以用干细胞移植来治疗。比如患有糖尿病的病人，由于体内缺乏产生胰岛素的细胞，没有胰岛素，不能将糖元转化成肝糖元储存起来，因此造成多余的糖就从尿中排出，形成糖尿病。我们可以让胚胎干细胞定向分化成胰岛细胞，再移植到病人体内，让它们去产生胰岛素，糖尿病就治愈了。如果受损伤的是组织器官，如心肌衰竭、肾脏衰退（尿毒症）等病症，目前多采取器官移植的方法来治疗。但是被移植的器官一定要和宿主细胞表面有相同的抗原〔也叫组织相容性抗原（MHC）〕，否则就会有严重的排斥反应，使移植进来的器官死亡，甚至导致宿主的死亡。器官移植手术一定要使用组织相容性抗原（MHC）一样的器官，但是理论上每5个同胞兄弟姐妹中只有2人的组织相容性抗原相同，没有血缘关系的人群中，每10万人中才可能有2个人的组织相容性抗原相同。病人经常因为找不到合适的器官而失去生存机会。由于移植器官来源缺乏和排斥反应是器官移植的两大障碍。胚胎干细胞有全能性分化潜能，可以解决器官移植中的来源匮乏问题。研究人员正尝试在实验室用人胚胎干细胞制造骨头、皮肤、软骨，甚至肝脏、肾脏、胰腺、心脏、膀胱等组织器官，供移植之用。

在使用胚胎干细胞治疗疾病时，如何克服排斥反应呢？科学家想了很多办法来解决。由于从胚胎或胎儿组织中获得的人体多能干细胞与接受移植的病人在遗传上有差异，因此现在的研究集中在改变人体多能干细胞，将组织不相容性降到最低程度，开始创建有通用类型的组织库，如目前创办的骨髓库。另外一种方法是2001年美国科学家利用体细胞核移植的克隆技术，建立病人特异的胚胎干细胞（图23）。具体做法是：取病人的任何体细胞（如皮肤细胞），把细胞核取出来，然后移植到去核的受精卵中，再通过电击手段诱导卵子复制，体外培养，等到囊胚形成后取其内细胞团；经适当处理，几天后便可以培育出供医疗使用的干细胞，这种胚胎干细胞的基因就是病人自己的，用这种胚胎干细胞再体外诱导它产生所需要的细胞（如胰岛细胞、心肌细胞等），将这些细胞移植到发病部位，便能修复病人的组织或器官，用这种胚胎干细胞制造出来的器官就是病人自己的，不会再有排斥反应，也就无需使用抑制免疫反应的药物了。这项技术不同于动物的生殖性克隆技术，被称为治疗性克隆。这项研究成果报告一经发表，很快引起了全世界的关注，它将使器官培养工业化、专业化，根据病人的情况订做各种器官，解决供体器官来源不足的问题。按科学家描绘的美妙蓝图，更换人体的任何器官和组织将像给汽车换零件一样简单。

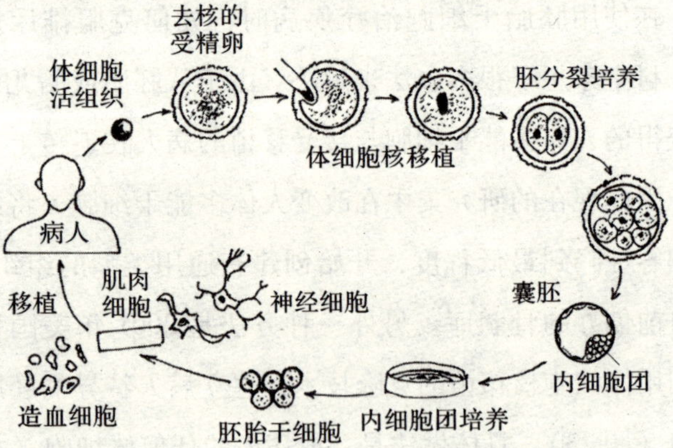

图23　体细胞核移植技术用于建立病人特异的胚胎干细胞路线

干细胞还可以在基因治疗中发挥作用。具有自我复制更新能力的胚胎干细胞将是基因治疗的最理想的载体，人们再也不必担心细胞在增殖过程中把好不容易转进去的基因给弄丢了。

关于胚胎干细胞技术的最理想阶段是希望在体外进行

“器官克隆”以供病人移植，不过这项应用技术还不成熟，如果这一设想能够实现，将是人类医学中一项划时代的成就。但是真正在体外形成一个具有空间结构和正常生理功能的人体器官，绝不是在短期内就能实现的。“器官克隆”是一个“美好的愿望”。世上无难事，只怕有心人，只要科学家们深入探索，美好的愿望最终一定能实现。

2. 获奖的多能造血干细胞

造血干细胞是能分化成血液中各种细胞的一类多能干细胞，它主要存在于骨髓、外周血、脐带血中，能不断分化直至构筑整个血液系统。造血干细胞有两个重要特征：其一，高度的自我更新或自我复制能力；其二，可分化生成所有类型的血细胞。造血干细胞采用不对称的分裂方式：由一个细胞分裂成两个以后，其中一个细胞仍然保持干细胞的特性，保持生物体内干细胞数量相对稳定，这就是干细胞的自我更新；另一个细胞便分化为早期的造血祖细胞，然后在骨髓基质细胞和细胞因子等的调控下进一步增殖分化为各种祖细胞、前体细胞和成熟血细胞，再把这些细胞释放到外周血中执行各自的功能直至死亡，这就是造血干细胞的多向分化。

造血干细胞是最早被研究的干细胞。前面曾提到早在1961年泰利等科学家首先建立了脾结节形成实验（参看图16）：他们用致死剂量射线照射小鼠以后，立即从小鼠的尾静脉输入适量的同系正常小鼠的骨髓细胞，8~9天以后，对受体小鼠进行脾检测，结果发现由各种血细胞组成了脾结节。由于在上述致死剂量射线照射条件下，受体小鼠的内源性造血功能基本被摧毁，所以脾结节内的血细胞应该来源于供体小鼠。经过组织切片可以看到，脾结节大多是由红细胞、粒细胞及巨核细胞中的一种、两种或三种组成，说明这些细胞都是单一细胞增殖分化的结果。虽然脾结节形成细胞并不等同于造血干细胞，但通过脾结节的形成实验，人们证实了造血干细胞的存在。

应用干细胞在临床治疗中，造血干细胞应用较早。造血干细胞移植是治疗血液系统疾病、先天性遗传疾病以及多发性恶性肿瘤等疾病的最有效的方法。在20世纪50年代，临床上就开始应用骨髓移植来治疗血液系统疾病（如白血病、多发性骨髓瘤、淋巴瘤等），为此做出杰出贡献的美国科学家E·D·托马斯荣获了1990年诺贝尔生理学或医学奖。到20世纪80年代末，利用外周血干细胞移植技术逐渐推广开来，这时候绝大多数应用的干细胞是属于自己身体的外周血干细胞移植，在提高治疗效率和缩短疗程方面优于常规治疗，治疗效果令人满意。外周血干细胞移植与骨髓移植相比，具有几个显著优点，例如采集方便、造血功能重建快、免疫功能恢复早、并发症轻等，因此使用外周血逐渐代替骨髓，成为造血干细胞移植的主要细胞来源。

1988 年，科学家研究应用人类脐带血移植治疗的方法，第一例成功地治愈了贫血症，开创了人类脐带血移植的先河。什么是脐带呢？脐带是将胎儿与胎盘相连在一起的带状物（图 24），是胎儿营养运输的生命线，产妇分娩后剪断脐带，脐带血将随着垃圾一起扔掉。但是新生儿脐带中有相当数量的造血干细胞，我们可以收集脐带血，分

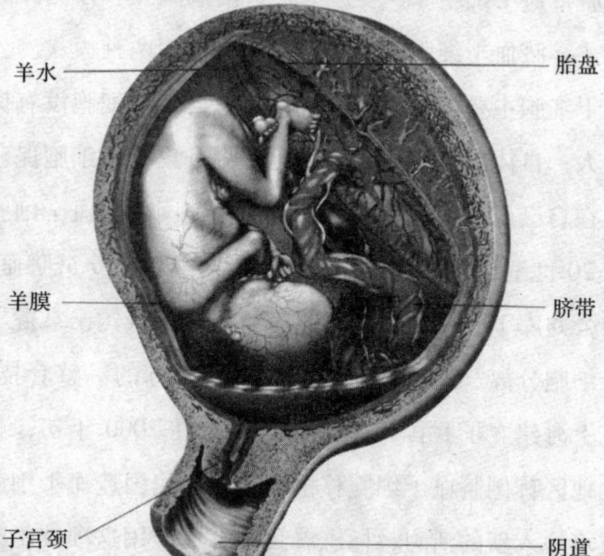

图 24　脐带

离其中的干细胞。因为脐带血是婴儿自己的，万一需要可以自给自足，最大的优点在于对组织相容性抗原（MHC）配型要求不高，可以给他人使用，并且不易受病毒或肿瘤的污染。由于脐带血含有丰富的造血干细胞的祖细胞，并且其免疫细胞的抗原性较弱等优点，因此被认为是极具潜力的继骨髓和外周血以后的第三种造血干细胞的来源。随着具有血缘关系同胞之间脐带血移植的发展，人们又把目光转移到非血缘间脐带血移植的研究，为此首先要建立脐带血库。美国、法国、日本、意大利等发达国家政府资助建立脐带血干细胞库，变废为宝，治病救人。按国际通行的模式，脐血干细胞库分公共库和自体库两种模式。公共库的干细胞主要面向需要进行移植但自体干细胞没有保存的病人；自体库是在婴儿出生时，将采集的干细胞保存起来，在自己或亲属生病时用来治病。美国的脐血干细胞库建于20世纪90年代初，据资料介绍，现有46个脐血库，其中公共库18个，自体库28个。目前，我国已掌握了脐血干细胞分离、纯化、冷冻保存以及复苏的一整套技术，并在上海建立了我国第一个脐血库。在2000年初，我国东北地区首例脐血干细胞移植成功，为我国造血干细胞移植技术注入新的活力，标志着我国有了应用这项技术的能力。在北京，北京医科大学人民医院细胞治疗中心也开展了造血干细胞移植治疗手术，并建立了很大的脐血干细胞库。2009 年 4 月 21 日在北京市建成了脐带血造血干细胞库的新库，此库可存容量达到 50 万份，是世界最大的脐带血库，现已投入使用，为全世界华人患者提供脐血干细胞做移植用。以后，随着脐血干细胞移植技术不断完善，它可能会代替自体外周血干细胞移植的地位，为全世界更多的血液病和恶性肿瘤患者带来福音。

造血干细胞还可能在肿瘤的治疗中起重要作用。人们都知道，肿瘤是危害生命的一大杀手，治疗中往往要进行放疗或化疗，分裂旺盛的肿瘤细胞被杀伤，而其他生长较快的细胞也同样受到损伤，如头发掉了、血细胞减少了。不过这时肿瘤患者骨髓细胞的功能是正常的，只是来不及分化成血细胞补充到血液中去。人们发现造血干细胞与其他干细胞一样有两种：一种在移植后很快分化成各种血细胞，以后就不再有这种分化能力了；另一种则缓慢起作用，以后永远如此。前一种类型的干细胞就正好可以缓解由肿瘤治疗过程带来的血细胞减少，身体就有更强的能力与肿瘤抗争了。

造血干细胞还可以采取“细胞治疗”，给患者输入注射治疗细胞，通过这些细胞在体内发挥作用达到治病的目的，例如抗肿瘤等疾病。现在用于临床前试验的细胞治疗手段：首先体外扩增用于治疗肿瘤的抗原特异性淋巴细胞、自然杀伤细胞、树突状细胞、巨核细胞和血小板等。

目前已建立了体外诱导扩增树突状细胞的方法，可以从脐带血或自体的外周血干细胞扩增出大量的树突状细胞，然后进一步装载肿瘤特异性抗原，激活细胞毒性 T 细胞特异的抗肿瘤能力，杀伤肿瘤细胞，这种治疗方法已成功地试用于淋巴瘤、黑色素瘤、前列腺癌和多发性骨髓瘤等恶性肿瘤晚期患者的治疗。此外，利用造血干细胞还可以作为基因治疗的靶细胞，这方面的研究正在进行中，基因治疗的基础和临床应用研究在世界各地已蓬勃发展起来。

目前对造血干细胞多向分化的机制仍不很清楚，对这一机制的探讨和对造血干细胞定向分化调控的研究清楚了，将会大大扩展在临床上的应用。

3. 多潜能的间充质干细胞

近年来，造血干细胞在细胞治疗方面已应用于临床，在基因治疗上也取得了可喜进展。目前，研究较多的另一类组织干细胞是间充质干细胞（MSC）。这种干细胞是在骨髓中发现的多向分化潜能的组织干细胞。最早发现多潜能间充质干细胞是在 1867 年，克希姆在实验中给动物静脉注射一种不溶性染料，结果在动物损伤远端的部位发现含有染料的细胞，包括炎症细胞和与纤维合成的成纤维细胞，并认为这些细胞来自骨髓，这是最早提出骨髓具有造血以外功能的报道。1869 年科学家格军观察到自体红骨髓异位移植后具有构建成骨的作用，也证实了这一点。以后，由于当时条件的局限，这些研究没有深入探索。直到上世纪 70 年代，研究人员重新认识到骨髓具有造血以外的功能，并开展了相关研究。1976 年，科学家弗瑞德斯特和他的同事以确凿的证据表明，骨髓中除含有造血干细胞以外，还含有梭形的集落形成成纤维细胞，这些细胞在体内处于休眠状态，在体外适当条件的刺激下可以进入细胞周期，从而形成类似于骨或软骨碎片的细胞集落。1987 年，他们还发现在塑料培养皿中培养的骨髓单个核细胞在

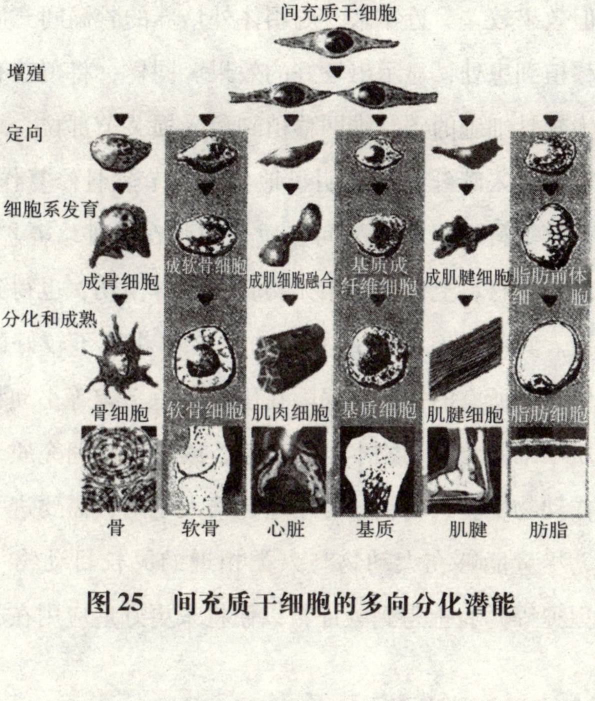

图 25　间充质干细胞的多向分化潜能

一定条件下可以分化成为骨细胞、成软骨细胞、脂肪细胞和成肌细胞（图 25），而且这些细胞扩增 20～30 代后仍能保持多向分化潜能，这类细胞被称为骨髓间充质干细胞。弗瑞德斯特等科学家的工作对间充质干细胞的研究具有重要意义。

由于间充质干细胞具有高度的自我更新能力和多向分化潜能，以及取材方便、植入受体内不良反应较弱等优点引起人们关注，将成为细胞替代治疗的理想种子细胞。目前对间充质干细胞在骨、软骨以及肌腱损伤的修复方面研究比较深入。过去曾用单纯的全骨髓移植促进骨损伤修复，但效果较差。近年来，应用体外培养的骨髓间充质干细胞移植到患处，显示出较好的效果。同样，将覆盖有已分化为软骨细胞的碳纤维网移植到兔受损关节部位，结果也比单纯植入碳纤维网更明显地促进关节软骨修复作用。布瑞德尔等科学家将人的间充质干细胞在体外培养扩增，贴附在生物材料上修复成年无胸腺大鼠骨损伤，也得到好的结果。其他还有一些这方面的实验都获得了较好的效果。但是，所有的实验仅局限在用鼠、兔、狗等小动物的间充质干细胞修复动物本身的缺损，或用人的间充质干细胞来作动物实验，离临床应用还有很大距离，需要进一步研究，尽量能够在大动物与人类相近的灵长目动物（如猴、猩猩等）身上得到验证，以便将来更好地应用在临床治疗。

间充质干细胞在治疗组织器官退行性疾病方面也展示了前景。随着人的年龄增长，身体内的组织器官会出现退行性的改变，从而引发一些老年疾病，如肌肉萎缩、肌营养不良、脑萎缩、帕金森病、阿尔茨海默综合症等。以上这些组织再生比较困难，间充质干细胞在体内外能够分化为肌细胞和神经细胞，为治疗这些退行性疾病带来了希望。但是实现这一美好的愿望，仍有很长的路要走，需要进一步深入探讨。

4. 多向分化的神经干细胞

目前除对造血干细胞、胚胎干细胞和间充质干细胞研究较多以外，神经干细胞的研究也比较深入。那么，神经干细胞能够修复脑和脊髓损伤吗？

长期以来人们一直认为，成年哺乳动物神经系统是不能再生性组织，脑内的神经细胞是终生存活的，成熟的神经元没有再生能力。成年个体脑损伤以后，脑里面失去神经细胞的现象也是永久的，失去的神经细胞只能由胶质细胞填充。近些年的研究打破了这一传统的看法。20 世纪最后十几年在神经生物学领域中最重要的进展之一就是发现在成年脑组织中存在具有多向分化潜能的神经干细胞。

1992 年，科学家们首次成功地从成年小鼠的纹状体内分离出了神经干细胞，这种细胞具有自我更新和分裂增殖能力，可以分化成神经系统大部分类型的细胞，对损伤和疾病具有反应能力。1994 年，科学家们在手术中从癫痫病患者脑内取出的海马和脑室壁组织进行培养，结果发现了具有自我复制能力和多向分化潜能的神经干细胞。1995 年，在黏着性基质涂布的培养板上对成年大鼠海马组织进行传代培养，也成功获得了成年大鼠海马来源的神经干细胞克隆。1998 年，日本和美国学者合作，在成人脑组织中证实了存在神经干细胞。2000 年，我国学者也相继分离出神经干细胞。例如，有的学者从 3 ~ 4 月龄人胚胎纹状体和脑皮层分离出神经干细胞；有的学者从 4 月龄的成年大鼠纹状体和 16 日龄的大鼠胚胎皮层组织分离出神经干细胞；还有学者从 14 ~ 16 日龄的小鼠胚胎大脑半球获得神经干细胞。由此看出，神经干细胞在成年哺乳动物或胚胎中枢神经系统内广泛存在。

自从发现在脑神经系统中能成功地分离出神经干细胞以后，1996 年又首次报道从成年哺乳动物脊髓内也能分离出神经干细胞。但是这种细胞与从脑中分离出的干细胞有明显的不同之处。人们发现，当脊髓损伤后，室管膜细胞通过不对称分裂而增殖，产生新的神经干细胞，这些细胞在一些未知的因子作用下，向损伤部位移动，并转化成星形胶质细胞，形成瘢痕组织，完成对损伤的修复。

神经干细胞具有多向分化潜能。它存在于胚胎和成人脑组织及外周神经系统中，在生长因子、激素和微环境因素的作用下，神经干细胞可以分化为神经元、星形胶质细

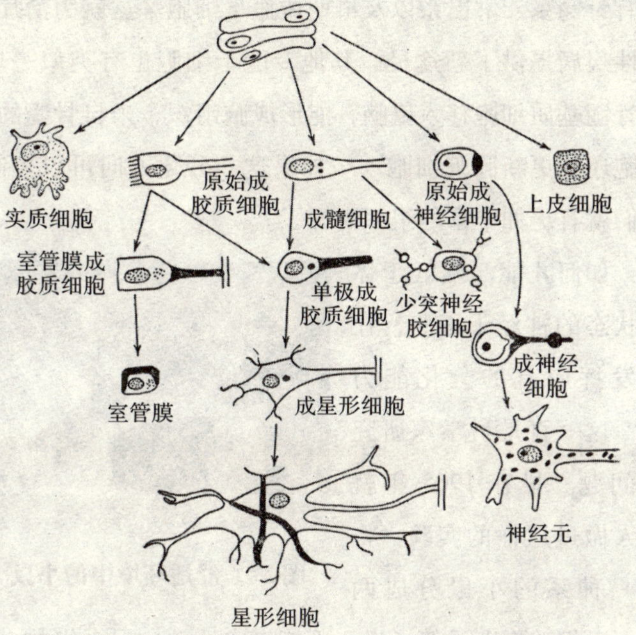

图 26　神经干细胞分化的主要细胞类型

胞和少突胶质细胞（图 26）。实验证明，神经干细胞在体外稳定传代几年以后，植入成人脑内仍具有分化为神经细胞潜能。更令人感兴趣的是，从神经外胚层来源的神经干细胞也能分化成中胚层来源的细胞。以后又有报道，正常人脑组织细胞和脑肿瘤病人脑组织细胞均可以分化为骨骼

肌细胞；也有实验表明，胚胎脑组织细胞也可以分化为肌管。最近的研究又有新发现，将小鼠胚胎或成年小鼠脑神经干细胞植入经过不致死剂量放射线照射的受体鼠，结果在受体小鼠内发现有供体神经干细胞产生的造血细胞，其中有骨髓系、淋巴系以及早期造血干细胞。这就为治疗血液性疾病提供了新途径。其他专能干细胞也有类似表现，如骨髓基质细胞移入鼠脑，能形成脑组织，来自骨髓的干细胞还能更新肝脏细胞……如果这一分化方向可以控制，我们就有更加丰富的组织来源了。

如何才能激活处于休眠状态的神经干细胞，让它发挥应有的分化能力呢？这一直是科学家研究的问题。早在1965年就有人做过这样的实验：将同一种系的小鼠分成两组，一组关在普通笼子里，不能自由活动；另一组放在舒适的环境中，提供滚环等玩具，并且定期更换玩具种类（图27）。结果发现，与前一组相比，后一组小鼠的脑明显加重了，神经之间的连接增多了，而且学习成绩较好，能很快学会通过迷宫。近年来，人们又做了这样的实验，比较饲养在有滚环和无滚环的标准笼中的两组鼠的神经发

图27　舒适环境中的小鼠

育情况。结果发现有滚环组小鼠的脑中产生的神经细胞是无滚环组的两倍多，跑动的鼠脑中干细胞的分裂速度也快。由此说明环境和刺激因素可以促进干细胞的分化。人们很想了解为什么当脑细胞受损伤时干细胞却没有发生作用呢？科学家正在从多个角度进行探索研究，是否可以用药物、调节因子、改变环境、改变身体活动等因素或者几种因素组合起来，调动干细胞的功能（图 28）。也许有一天研究成功，医生能恰当地运用这项技术，治病救人。

神经干细胞的临床应用，在成功地分离出神经干细胞

图 28　科学家培育人造细胞膜片

以前，人们在脑内移植方面做了许多探索工作。1890 年科学家汤姆森首次将猫的大脑皮层组织移植到成年狗的大脑皮层内，开创了脑内移植之先河。受这一启发，此后脑内移植研究不断进行，并取得了不少成果。但是早期的工作主要是停留在实验动物阶段。直至 1982 年瑞典的科学家采用自体肾上腺髓质移植到大脑尾状核头部治疗帕金森病获得成功，才真正进入了临床治疗阶段。由于这项技术先进，近期疗效肯定，对后来的研究产生了很大影响。在此后的十几年里，可以说是脑内移植最繁荣的时候，在移植物种类的应用、移植方法、病例的选择等方面，都进行了大胆的尝试和创新。在病例的治疗上，先后应用在帕金森病、脑萎缩、脑血管病后遗症、糖尿病、精神病、癫痫、脊髓损伤、脑外伤后遗症等，据报道都获得一定的近期疗效。但是不能回避的事实是：有的病远期治疗效果不佳，原因是排异反应和存活、生长的难题还很难克服；胚胎脑组织的应用有其优点，但也有不足之处。如胎儿脑细胞移植治疗帕金森病确实有明显的效果，但一名患者治病就需要 5 ~ 10 个人工流产的胎儿。这不仅造成供体来源困难，而且面临伦理学的问题，一些人反对使用胎儿治疗疾病。

神经干细胞还可以应用在脑组织修复治疗。研究表明，干细胞不仅有很强的增殖能力，而且还有潜在的迁移能力，这一点为治疗脑内因代谢障碍而引起的广泛细胞受损提供了理论依据，借助它们的潜移能力，可以避免多点移植带来的附加损伤。目前已经能够从发育中或成年中枢神经系统组织分离出具有多潜能祖细胞或干细胞特性的细胞来，可以利用这些细胞在体外培养扩增，然后直接植入神经系统的损伤或病变部分，分化为神经元、星形胶质细胞、少突胶质细胞，进而缓解或修复损伤（图 29）。近年

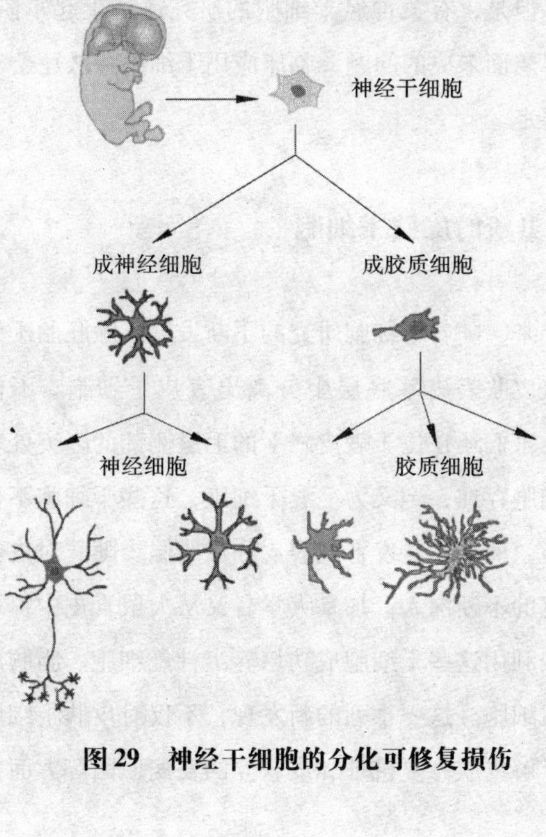

图 29　神经干细胞的分化可修复损伤

来更深入研究一种应用新途径，将体外分离的神经干细胞培养成永生化的神经祖细胞系，使之成为合适的体外转基因载体，然后将带有治病的外源性基因载体植入损伤的中枢神经系统，这样可以产生很有效果的治疗作用。所谓永生化就是将细胞总是处于连续的细胞周期活动，阻止老化进程。永生化神经祖细胞系的发现与应用，为神经系统损伤修复和退行性病变的替代治疗或基因转移治疗带来了新的希望。但是，有关神经干细胞的研究还处于起步阶段，仍有许多悬而未决的问题，临床应用干细胞疗法还会有很长的路要走。

5. 自我更新的皮肤干细胞

近年来，随着干细胞研究的不断发展，除胚胎干细胞外，还从皮肤表皮基底层中分离出表皮干细胞。不仅如此，科学家们还在位于表皮之下的毛囊侧部的隆突处发现也有干细胞存在，定义为毛囊干细胞，这些干细胞不仅能生成毛囊，而且还能发育成表皮和皮脂腺。随着对皮肤干细胞研究的不断深入，加拿大学者又从大鼠真皮中提取干细胞，并利用这些干细胞成功培养出神经细胞、脂肪细胞和平滑肌细胞。这一系列的新发现，不仅对皮肤干细胞的鉴别、了解皮肤修复机理和皮肤癌的发病原因等方面具有重要作用，更让人振奋的是，如果人类皮肤的干细胞具有其他成熟组织干细胞一样的更为广泛的分化潜能，将会给临床上各种疑难疾病的治疗带来突破。

目前，在发现的皮肤干细胞中，研究较多和较深的是表皮干细胞。每个表皮干细胞在正常情况下是通过不对称分裂产生一个干细胞和一个定向祖细胞（短暂扩增细胞）。在表皮中，皮肤定向祖细胞的主要功能是增加终末分化细胞的数量；它分化的潜能有限，只能定向分化为角质细胞、毛发和皮脂腺。此外，表皮干细胞也可以进行对称分裂，每分裂一次可产生两个干细胞或两个祖细胞。这样在表皮组织受到外来损伤时，可以通过对称分裂增加干细胞或分化细胞的数量，从而更好地适应机体的需要。

最近，科学家的研究进一步证明位于表皮之下的毛囊里栖息着毛囊干细胞，它们具有更大的增殖潜能和克隆形成能力。这些干细胞不仅能够向下转移到毛囊根部生成毛囊，而且还能从毛囊外根鞘向上迁移，生成表皮。2001年，科学家研究还发现，皮肤毛囊里存在的多能干细胞可以产生各种皮肤细胞类型，如表皮、皮脂腺和毛囊。这些新发现不仅有力证明毛囊干细胞的多重功能，而且这一突起也可能是人类皮肤干细胞的源头。

由于皮肤干细胞与其他干细胞一样，具有高度自我更新和多向分化潜能，可以作为基因治疗首选的靶细胞。现在已经能成功地分离出纯化表皮干细胞，因此将表皮干细胞作为皮肤遗传性疾病等基因治疗的靶细胞已成为可能。最近报道，将能治病外源基因通过逆转录病毒导入表皮干细胞，然后植入患病者体内，发现在机体内可以长期维持转导基因的表达，从而为表皮干细胞应用于基因治疗提供了依据。例如，对于表皮松懈、鱼鳞病等单基因皮肤退行性疾病，通过导入正常目的基因即可以达到治疗的目的。当然，基因治疗不仅适用于皮肤遗传性疾病，对于各种原因引起的皮肤肿瘤等也同样适用。如毛囊肿瘤，在了解其发生原因的基础上，可以通过导入肿瘤抑制基因阻断或抑制肿瘤的发生过程，还可将耐药基因或造血生长因子基因导入正常毛囊干细胞或耐药细胞株，提高化疗耐受力。但是目前对毛囊干细胞的分离、纯化仍未解决，因此对其疾病的基因治疗正在继续探索阶段，相信在不久的将来对于皮肤细胞的基因治疗会有新的突破。

人体皮肤创伤的形式可分为两大类：急性损伤和慢性溃疡。急性损伤中最主要的是烧伤，特别是二度以上的烧伤，需要进行皮肤移植；而慢性溃疡是较难治愈的症状。现今创建了皮肤组织工程，比传统的治疗方法效果要好。1975 年，科学家将体外分离的表皮细胞放在一层可提供营养物质的经放射处理成纤维细胞上进行培养，一个月后发现 1cm^2的表皮组织可形成足以覆盖一个人的全身的细胞膜片（图29）。这种方法为组织工程皮肤的制备奠定了基础。后来经过进一步研究和改进，开始应用于临床治疗。最早研究的学者们采用自体表皮细胞进行体外培养扩增，将形成的膜片表面暴露在空气中培养，这样的表层细胞就能分化成角化细胞，膜片的细胞分层状态也接近真实的表皮。这时用分离酶使表皮膜片脱离培养皿底壁，然后用油纱布黏附膜片，进行同种异体移植，也就是将其贴敷在清洁的伤口创面上。经过两周以后，揭开纱布，可在创面上看到一层淡乳白色、半透明的薄膜，以后表皮逐渐增厚，变为光滑的粉红色，没有毛发、汗腺的一个完整的表皮结构，表明表皮干细胞通过增殖参与了表皮的修复。这种治疗方法，经临床研究发现，由于培养的自体表皮膜片缺乏真皮结构的支持，达不到正常皮肤的功能。由此为研制更接近生理特点的“人工皮肤”（图30），国内外许多学者利用真皮中在数量和功能上都起主导作用的成纤维细胞重建真皮。现在用组织工程的原理构建皮肤已成为解决临床皮肤大面积烧伤、溃疡患者等皮源缺乏的根本途径。然而，皮肤组织工程仍存在一些问题有待解决，尤其是种子细胞的来源问题。如果将来我们也像分离表皮干细胞那样分离出真皮干细胞，利用干细胞的增殖特性，体外分离并培养扩增出大量供临床移植应用的患者自体的表皮或真皮细胞，构建全皮替代物，那么不仅会解决皮肤移植中存在的免疫排斥问题，而且对皮肤移植的种子细胞来源开辟新途径，同时也为一些皮肤遗传性疾病及皮肤癌患者的治疗带来新的希望。

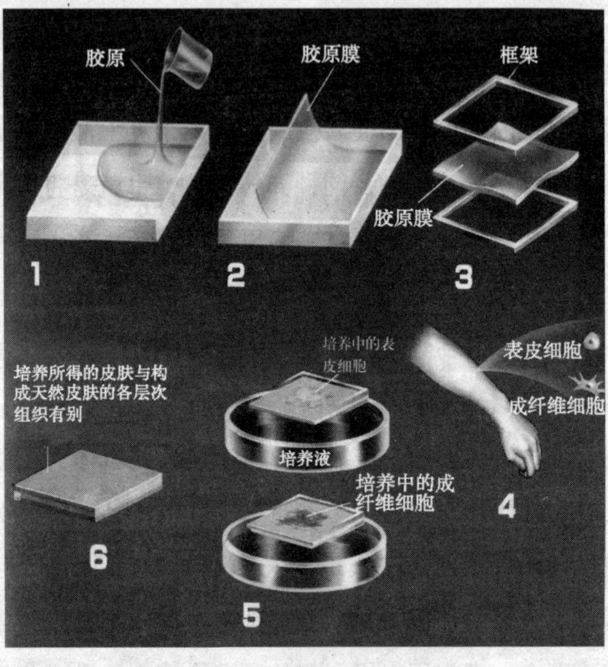

图 30　人造皮肤的培养程序

1. 把胶原倒入一个无菌的容器内，它是构成培养皮肤基础的物质。
2. 让胶原凝固形成薄膜，即可取出。
3. 把胶原膜放在两个框架之间，以便移到另一容器时不碰到底部。
4. 从患者身上取下一小块皮肤，将皮肤的表皮细胞和成纤维细胞分离开。
5. 在容器中倒入培养液，把带有胶原膜的框架放入容器。在膜的上层表面植入表皮细胞，在膜的下层表面植入成纤维细胞。
6. 大约经过两周，培养的细胞进行分化，组成表皮的各层次（从外到里为角质层、发生层和基底层）。细胞数目增加一万倍以上。

6. 修复巧手的血管内皮干细胞

我们人的先天性心脏病和心肌梗死等心血管疾病是威胁全世界人们健康的最大难题之一。虽然目前在预防和控制心血管疾病方面已有许多效果较好的治疗方法，但是恢复一个受损的心脏仍是很困难的。近年来的科学研究发现，成人和胚胎的干细胞能替换受损的心肌，并且能够产生新的血管以满足心肌的血液供应，因而能够修复已受损伤的心脏，其中起主要作用的是由骨髓来源的内皮干细胞和祖细胞。它在心血管疾病与肿瘤治疗中具有很好的应用前景。

目前治疗心脏病有许多方法，例如外科手术、药物治疗、力学辅助器械和器官移植，但是治疗效果有的不理想，约有半数以上的心脏病病人自诊断之日起5年内还是死亡了。现在研究者已知道，在某些特殊的条件下，胚胎和成人干细胞能变成心肌细胞和血管内皮细胞及平滑肌细胞。于是科学家千方百计地利用干细胞进行细胞替代疗法，也就是替换受损的细胞，使心脏恢复正常的功能。这种治疗的方法是这样的：先将患者的干细胞分离出来，在体外培养扩增繁殖，使其数量增多，然后输回患者心脏病变部位，细胞在体内变成心肌细胞和内皮细胞；另一种方法，先将细胞分离出来以后，在体外培养使其变成心肌细胞和内皮细胞，然后再输回体内，达到修复受损伤心脏的目的。这种方法操作简单，病人风险小，与心脏移植相比，最突出的优点是细胞来源于自身，取材比较丰富，如果要想获得一个可移植的心脏是非常困难的。关于干细胞能够修复受损心脏，最有说服力的证据是临床试验的结果。在2001年德国科学家运用自体干细胞移植的方法治疗一名心肌梗死患者获得成功。这名患者46岁，在2001年3月25日发生大面积心肌梗死，大约1/4的心脏肌肉组织被破坏，心肌梗死发作10小时后被送进医院。收治住院的第6天，科学家们便对他进行了自体干细胞移植手术。他们用一种皮肤的导管撑开引起梗死的动脉，然后从患者的骨髓中取出单个核细胞，其中包含有干细胞，经过必要的处理之后，在低压下将细胞注入受损心肌中。经观察，手术10个星期后，患者心肌梗死的范围便缩小了近1/3，心脏功能也得到明显改善。经证实，植入的干细胞成功地再造了被破坏的心肌组织和血管组织，再造的心肌也有部分地承担起已坏死组织的功能。在这方面，美国、法国、德国的科学家都对心肌梗死患者进行了细胞移植治疗，但是都还没有取得最后结果。因此，上述进行的干细胞移植手术是世界上首例自体干细胞移植治疗心脏病并取得成功的病例。据介绍，自2001年3月起，该杜塞尔多夫大学医院先后对 6 名 38 ~67 岁的心肌梗死患者进行了自体干细胞移植手术，经观察，其中有 5 名患者在手术几个星期后都出现了好转。由此看出，将来干细胞无疑会给心脏病患者带来福音。

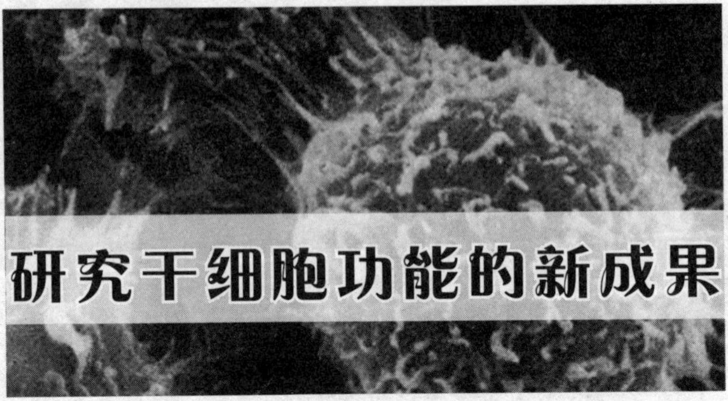

研究干细胞功能的新成果

1. 修复器官——给人和动物身体换“零件”

（1）移植和制造人体组织器官

干细胞的应用，最令人重视的是制造人体组织器官，这是为什么呢？因为人体或其他动物的身体好像一台“机器”，各种组织器官就是组成身体的“零件”。如果某一个重要器官（如心脏、肾脏等）发生了“故障”，它就不能正常运转，最终会丧失功能，导致身体死亡。由此，人们想到，是不是也可以像给机器换零件那样，用一个健康的器官替代丧失了功能的器官，或者利用干细胞的分化特性，用干细胞移植的方法来修复损伤的组织器官，使病人恢复健康。用器官移植的方法来治疗器官功能衰竭疾病，早已经变为现实。首先是用皮肤移植治疗皮肤烧伤患者，英国学者梅达沃经过无数次的失败和挫折，终于解开了神秘的移植排斥是器官移植失败的主要原因。异体皮肤移植的排斥，是由主动免疫机制引起的。梅达沃学者在进行实验时和另一位学者吉布森完美合作，阐明了器官移植排斥的机理，揭开了临床器官移植的序幕，创造了今天器官移植的辉煌，是对医学科学的伟大贡献。因此梅达沃被称为“器官移植之父”。皮肤作为一种组织，在异体移植过程中会遭到排斥，而器官移植更是如此。较早移植的器官是肾脏。肾移植的历史也经历了从失败到成功的曲折历程，给人们很大的启示。一位年轻的法国医生卡雷尔（图 31）通过大量实践，发明了巧妙的“三线缝合法”，从而成功解决了器官移植的外科手术缝合问题，并开始着手解决肾移植问题。因为卡雷尔对有关血管缝合和脏器移植方面的研究成果，获得 1912 年

图 31　卡雷尔

诺贝尔生理学或医学奖。关于如何解决器官排斥问题，必须从避免排斥入手。美国哈佛医学院附属医院肾脏外科医生默里（图32）根据梅达沃关于器官移植过程中免疫排斥的机理，进行了很长时间研究。他认定，只要找到两个遗传背景完全相同的人进行肾移植，就能避免免疫系统的攻击而获得成功。肾移植的成功，开辟了器官移植的新时代。由于默里在人类器官移植方面的突出成就，荣获了1990年诺贝尔生理学或医学奖。此外，法国外科医生卡尼（图33），在器官移植的历史上，是一个颇具传奇色彩的人物。他把临床肾移植的成功率推向一个新的高度。1961年，卡尼首先用硫唑嘌呤作为抑制移植排斥的药物，进行了第一例临床异体肾移植，并获得成功。在器官移植史上，这是第一次用化学药物成功地抑制移植排斥进行的器官移植，这使发明药物的希钦斯和埃利昂两位学

图32　默里

图33　卡尼

者获得了1988年的诺贝尔生理学或医学奖。1978年，又是卡尼首先将环孢霉素A应用于临床肾移植，使肾移植的成功率从50%上升到80%。以后，令人振奋的消息不断传来：环孢霉素A在心脏、肝脏、骨髓移植方面，都取得了明显的免疫抑制效果，器官移植的成功率大幅度提高。目前，环孢霉素A已经成为临床器官移植的常规用药，使临床器官移植发生了革命性的变化，进入了"环孢霉素A时代"。更为喜人的是，近年来，又相继发现了一些新的具有强大免疫抑制作用的新药。这些免疫抑制药物的发明，使临床器官移植有了抗排斥的"武器"，以至于达到了今天辉煌的局面。可以毫不夸张地说，免疫抑制药物确实是器官移植当之无愧的功臣。

器官移植的临床应用，到20世纪80年代，随着同种器官移植的逐渐成熟，许多患有脏器衰竭的病人都有可能通过器官移植恢复健康，由此燃起了许多绝症病人的希望。但是，人的器官来源很有限，远远满足不了病人的需要。人体器官的短缺使科学家重新想到，是不是可以想办法利用科学新技术突破异种器官移植的免疫排斥屏障，进行异种器官移植呢？科学家们首先想到用猪心换人心，行不行？人们先选择猪作为研究对象，是由于猪的心脏与人心脏大小相近，人类养猪已有悠久的历史，对猪的生理、结构和习性了解得比较清楚，而且猪一胎可以产生多头猪崽，这些都使人们毫不犹豫地打起了向猪“借”器官的主意。真要这么做，首先要解决器官移植的排斥问题，让猪心在人体内先“暂时”落户。英国罗斯林研究所在应用转基因技术克隆出多莉羊的基础上，进一步研究将人的一些蛋白质基因转移到猪的心脏里，培育出可用于人器官移植的转基因猪（图 34）。将猪心作为人心的代用品，除

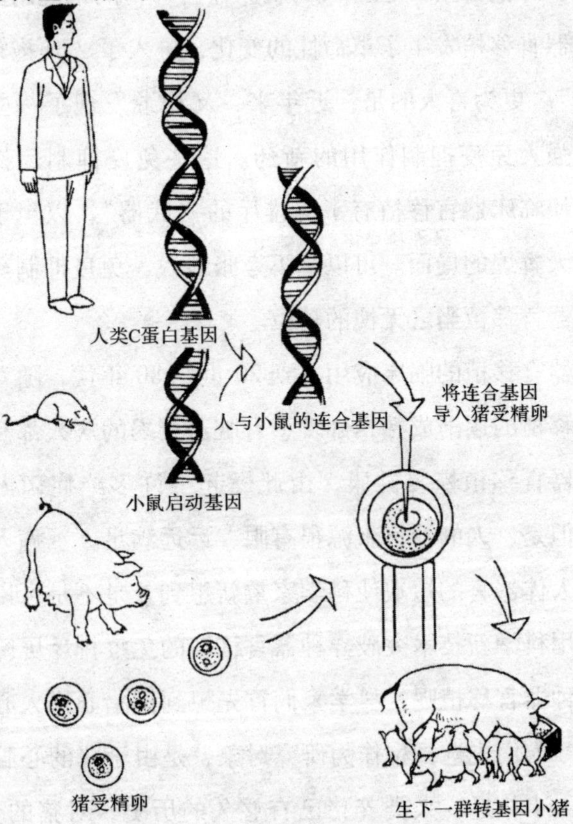

图 34　转基因猪的培育

了异种器官之间的排斥，还有其他一些问题，用改造过的猪心移植给人体还是有困难。为了验证转基因猪心的移植效果，科学家先将携带有人类基因的猪心脏移植给10只狒狒（一种猴子）体内，手术后联合使用了多种免疫抑制药物，结果有两只狒狒体内的“猪心”跳动了60天。由此看来，异种器官的排斥实在太强大了。大家也认识到，在异种器官移植进入临床之前，还有一段漫长而艰难的道路。

器官的移植还有另外一种方法，我国科学家在2001年培育出背上长出“人耳”的老鼠（图35），引起人们的惊奇和关注。这是我国组织工程的国际领先的优秀成果。这种鼠浑身没有毛，叫裸鼠；它没有胸腺，因此没有抗体细胞，免疫功能低下，连人的肿瘤细胞都可以在这种裸鼠

图35　长“人耳”的裸鼠

体内生长，不会排斥。它们通常要在无菌的环境中生长，其寿命远远短于正常小鼠。我国科学家利用这种裸鼠在身上长出“人耳”不会发生排斥反应的情况下，先用一种高分子化学材料聚羟基乙酸做成“人耳”的模型支架，然后让细胞在这个支架上繁殖生长，再在裸鼠背上割开一个口子，将已经培养好的“人耳”植入后缝合，支架最后会自己降解消失，“人耳”便长在鼠背上，浑然一体。长“人耳”裸鼠培育成功，给制造人体组织器官提供了很多启示，激发了研究人员想尽办法尝试在实验室用人的干细胞制造骨头、软骨，甚至肝脏、胰腺、心脏等，供移植之用。近年来，应用干细胞修复组织器官损伤的各种疾病，取得了不少的实验成果。

（2）干细胞代替肌腱和韧带

2006 年，德国维尔茨堡大学诊所和慕尼黑大学诊所的专家报道：干细胞疗法在治疗骨骼和关节的病变与创伤方面有很多潜在的应用领域，有可能对治疗肌腱、韧带、半月板和椎间盘的损伤起关键作用。他们在研究过程中发现，干细胞在实验室条件中比较容易增殖并培养成骨细胞和成骨细胞。为了让这些细胞形成可承重的牢固结构，他们不在普通的培养基内而是在特制支架上增殖这些细胞，用这种方法制成的人造骨骼可替代受损骨骼。制造的特制支架是用骨骼中含有的矿物质制成的。这种支架移植在人体内，会逐渐被人体吸收并被新生骨骼取代。在支架上培植的是患者自身的干细胞，人造骨骼培植出以后，植入病人体内成为新生骨骼。但是用这种方法很难治疗比较严重的创伤，因为这种用干细胞培植出的骨骼还得不到血液供应。目前研究者正在探究同时增殖血管细胞的可行性。如果增殖血管细胞成功，这种方法在矫形外科中将有广泛的应用前景。干细胞疗法很可能在不久的将来就广泛应用于矫形外科和创伤外科领域。

（3）干细胞修复脊髓

加拿大科学家在2006年宣布，从老鼠大脑中提取的干细胞能帮助脊髓受损的实验鼠恢复一定的行走能力。这个发现是利用干细胞改善啮齿类动物行动能力的最新成果。

在这项最新研究中，科学家们采用的是所谓神经前体细胞的干细胞，这种来自鼠脑的干细胞已经开始向一种中枢神经系统细胞转变。研究人员将这种细胞注射到脊髓受损、无法走路的实验鼠体内，并采用免疫抑制剂来防止排异现象。这些细胞转移到了脊髓，融入受伤的组织中，并发育成能制造髓磷脂的细胞。髓磷脂是环绕神经纤维的隔离层，负责将信号传输给大脑。许多脊髓受损患者的受创部位有完整的神经纤维，却缺少髓磷脂，由此引发了瘫痪。这个实验虽然实验鼠没有完全恢复正常，但获得了重要行走能力，关节的活动更为协调，能更好地支撑身体。加拿大的科学家说：希望经过更多的动物研究后能在5～10年后开始对人类进行类似研究。

（4）用自体干细胞生成新上颌

2008年，芬兰科学家报道，他们为一位65岁的患者进行了上颌置换手术，使用的材料是从他自身的脂肪组织中分离出的干细胞进行培育，然后放入腹部生长成为骨骼移植物。研究人员说，这一突破性的成果为治疗严重组织损伤开辟了新道路。

这项工作的研究者是坦佩雷大学从事再生医学研究的里塔·苏罗宁和她的同事。她们从病人的脂肪中分离出干细胞，并将它们放在一种含有病人血清的营养溶液中进行为期两周的培养。之后她们从中提取出所需的间质干细胞——这是一种能生成骨骼、肌肉和血管的未成熟细胞。在收集了足够数量的细胞后，她们就把这些细胞附着在一个由磷酸钙生物材料制成的支架上，并将其带细胞的支架放进病人的腹部进行长达9个月的生长。结果这些细胞变成了多种组织，其中还生成血管。然后医生们把生成的这块东西移植固定到病人的脸部，并通过显微外科手术将其中的血管与颈部的血管连接起来。经过一段时间，在病人的脸部生成了新上颌。

（5）干细胞治疗耳聋获重大突破

2008年12月英国《每日电讯报》网站报道：研究人

员发现，利用大脑内的干细胞可以“移植”到耳内，能治疗一些人的听力损失。

由于老人年迈和巨大噪音的影响导致内耳毛细胞受损，这是导致耳聋的主要原因。全世界有10%的人受此影响。医学上已知，毛细胞受损是不可逆转的，因为这些细胞再生能力有限。但一项新研究表明，大脑中一个名为“侧脑室”的部分含有一些与内耳毛细胞特征相同的干细胞，并且具有再生能力。科学家说，将这些细胞从一个人的大脑移植到耳内以后，在耳内这些细胞将转换功能，代替那些受损的毛细胞。加州大学进行这项研究的负责人埃比尼泽·亚莫阿说，这些脑细胞有可能生成与内耳毛细胞相似的生物体群；这些细胞与内耳毛细胞具有许多共同的形态特征和功能特征。移植脑干细胞是可以治疗耳聋的。

2009年4月英国《泰晤士报》又报道：干细胞研究进展增加了治愈耳聋的希望。英国科学家宣布，他们在治愈耳聋方面取得了“重大突破”。他们在实验室中培育出对听力至关重要的细胞。使人能够听到声音的听觉毛细胞和脑细胞最初是由人内耳中的干细胞发育而成的。英国有近900万人患有耳聋或听力受损。其中大约90%的患者是由听觉毛细胞受损和一定程度上的听觉脑细胞受损造成的。英国设菲尔德大学下属的一个研究小组从事干细胞疗法医治耳聋疾病。他们新研究所用的干细胞是从9周到11

周大的流产胎儿正在发育的耳蜗中提取的。然后在实验室中对这些细胞进行培育，并把它们放置在一些混合的特殊化学物质中。其中有56%的细胞显示出听觉毛细胞的特性。然后把这些细胞移植到耳蜗中，内耳里的这些毛细胞利用细毛把声波转化为神经脉冲。其他细胞显示出听觉神经细胞的生物特性，把这些神经细胞听到的信息传递到大脑，这样恢复了耳的听觉功能。专门研究耳聋的生物医学专家拉尔夫·霍如说:."用干细胞疗法治疗听力受损仍需要等待数年之后，但是这项研究的前景光明，使我们更有可能在未来使患者重获听力。"

（6）干细胞治愈失明

英国科学家开发出世界上首个治疗最常见原因致盲的干细胞疗法。外科医生预测，这种疗法在六、七年的时间内会发展成为一种全过程只需要1小时的常规治疗手段。这种新疗法是由伦敦大学学院眼科研究所等科学家率先研究出来的。他们的疗法是使用胚胎干细胞培育新细胞以替换退化的细胞层。这种疗法能够治愈老年性黄斑退化症。老年性黄斑退化症是导致失明的最常见原因，英国有50多万人因为这种病失明。这种病是由眼部细胞死亡引起的。新疗法是将胚胎干细胞培养成与死亡细胞完全相同的细胞，然后将这些细胞放置在人工膜上，并将人工膜嵌入到视网膜后，替换死亡细胞，恢复眼睛视力。不过，利用胚胎干细胞治疗法会破坏人类胚胎，因而遭到人们的争议。目前，英国研究小组还没有在临床上实验，他们使用干细胞能够成功防止患有老年性黄斑退化症类似疾病的老鼠失明。此外，科学家们在猪身上使用这项技术进行的实验也获得成功。现在欧洲有近 1400 万患有老年性黄斑退化症的病人，研究小组的科学家们预计在两年内进行临床实验。在全世界范围内，这将是科学家们第二次在人类身上使用胚胎干细胞疗法。

（7）干细胞修复动物视觉和听觉

2008 年，美国研究人员发现胚胎中的干细胞可以用来恢复动物的听力和视力，这可能是帮助人类恢复视力和听力向前迈出的重要一步。

美国的一个研究小组用人类骨髓干细胞修复小鼠的听力系统。他们将人类骨髓干细胞培养成类神经细胞，并将它们植入小鼠的内耳，尝试借此恢复小鼠由于药物损害而丧失的听力。3 个月后，这些小鼠的听力似乎得到不同程度的恢复。另外一个研究小组尝试用青蛙的干细胞为蝌蚪制造功能性的眼睛。他们的方法是从青蛙身上提取了干细胞之后，在其中加入 7 种不同的基因物质，这些物质可以促成青蛙眼睛的形成。然后，将这些经过培养的细胞植入青蛙胚胎内。结果这些胚胎发育成蝌蚪后，小蝌蚪可以通过这些细胞长成的眼睛看到外部世界。研究人员说，这些基因研究成果表明，干细胞可以被改造成各种不同类型的细胞。虽然这些手段没能立即用于人类，但这些发现有助于人们了解听力和视力发展的最基本生物进程，从而帮助人类开辟研制器官再生药物的新途径。

（8）干细胞气管移植手术成功

2008年11月英国医学期刊《柳叶刀》的网站上公布：欧洲医生用患者自身干细胞培育组织，并将其用于气管移植手术，避免了抗排异反应药物的使用。德国基尔大学的外科医生帕特里克·瓦恩克说："用患者自身干细胞培育组织是未来发展的主要方向"。他也为移植手术而用患者干细胞培育组织。他预测有朝一日医生可以在实验室里用患者自己的干细胞培育出器官。但这还需要很多年，要像今天这样开拓创新来解决问题。

（9）干细胞有望变成组织器官的"备件工具"

英国《泰晤士报》网站报道：美国干细胞研究取得新突破，可能带来终生"器官修复工具"。科学家在不毁掉胚胎的情况下造出人体干细胞，这就避开了干细胞研究的伦理障碍。这一成就还可能带来研究个性化药物的新办法，使父母孕育的孩子拥有准确匹配他们遗传特点的主要细胞"备件工具"。胚胎干细胞蕴含着巨大的医疗前景，因为它们能形成体内的任何组织，而且可以取代因为糖尿病、帕金森病和脊椎瘫痪等疾病损伤的细胞。为修复这些疾病损伤的细胞，早期贮备医治符合自身疾病的干细胞是非常必要的。

这项首创的新技术是由先进细胞技术公司的罗伯特·兰扎博士领导的研究小组开创的。他们从早期胚胎中提取一两颗细胞，然后在实验室里培育它们，创造出5种胚胎干细胞。2006年他们最初可以这样培育胚胎干细胞，但当时实验使用的细胞胚胎被毁掉了。这一次，他们重复了2006年的研究，但没有杀死母胚胎，而让它们继续发育，然后冷冻。这些胚胎从理论上说可以解冻并植入子宫，发育成健康的婴儿。这种细胞的提取方式是安全的。将来人们孕育试管受精的胚胎时，可以在胚胎植入子宫以前取出一颗细胞，然后“种”出与这个婴儿遗传完全相同的胚胎干细胞，冷冻起来，将来可以供给婴儿日后需要替换或修复组织器官使用。这种新技术在伦理道德上是能够接受的干细胞新来源。

2. 再生组织和器官——给人和动物创造新“零件”

（1）用羊水干细胞育出人体组织

2007年，美国研究人员在羊水中发现了和胚胎干细胞一样有效的干细胞。他们利用这些干细胞在实验室里制造出肌肉、骨骼、血管、神经细胞和肝脏细胞，他们认为胎盘和羊水可以成为提供珍贵细胞的另一来源，这个新来源不会引发争议。不过，从羊水中获得的干细胞比胚胎干细胞分化形成人体的各种组织器官在全能性方面仅次于它。但是从事这项研究的韦克福雷斯特医科大学再生医学学院的安东尼·阿塔拉博士声明说：“我们希望这些细胞可以用来修复人体组织和制造器官。我觉得这些细胞和人类胚胎干细胞一样具有多种能力。”他们使用诊断胎儿是否患有出生缺陷的羊膜穿刺法从中选取丢弃的羊水样本。这些羊水中的细胞来自于胎儿，因为胎儿在整个怀孕过程中要吸入和排出羊水。这些细胞和胚胎干细胞一样，能在培养皿里存活数年，但普通的体细胞只能存活很短时间。这些细胞培养时要比人体胚胎干细胞更容易。和胚胎干细胞不同的是它们不会形成一种畸形瘤的良性肿瘤。阿塔拉博士表示，从理论上讲，一个具有10万份羊水干细胞标本库可以为99%需要进行器官移植的美国人提供完善的配型干细胞。当然这项工作还处在早期，还需要若干年才能将这项技术应用到病人身上。

（2）干细胞育出心脏瓣膜

2006年，瑞士科学家首次利用从子宫里保护胎儿的羊水中提取的干细胞培植出人类心脏瓣膜，这一创新可能将来用于修复存在缺陷的心脏。

科学家们的设想是，在母体怀孕期间，提取母体羊水中的干细胞，然后在实验室中培育出新的心脏瓣膜，等婴儿出生后植入体内。在此以前，人们先后成功培植出膀胱和血管。瑞士科学家完成的这项实验表明，将来人们或许能够靠自体培植出心脏各部分的替代品，在有些情况下，甚至在人出生前就可以完成这种培植了。让婴儿和成人用自体培植出心脏瓣膜，这种瓣膜比人工瓣膜和从尸体上移植的瓣膜耐用、有效。

根据资料介绍，世界上每年有1%的新生儿，也就是超过100万名新生儿患有心脏病。如果用常规方法修复心脏瓣膜，会存在各种缺损。一位专家说，人工瓣膜容易形成血栓，病人必须终生服用防止形成血栓的药物。从尸体或动物身上移植的瓣膜会老化，须反复进行心脏手术更换瓣膜。儿童移植瓣膜的情况尤其如此，因为这些瓣膜不会随着儿童身体的发育而发育。

瑞士研究的这种方法还有一个好处，即利用羊水中的细胞培植心脏瓣膜可以避免引起争议，因为这种方法是在不影响胎儿的情况下提取干细胞的。

2007年，英国研究人员又报道，他们已经从骨髓干细胞中培养出人体心脏组织，这种组织的功能与人体心脏瓣膜完全一致。该项目的主研究员阿德里安·切斯特说："我们得到了一种尚未发育成熟的新型瓣膜组织。""我们为引导干细胞发生这种功能转变使用了各种刺激物。我们尚需3年时间才能对这种瓣膜组织进行动物试验。”他还说，在进行人体试验前，可以通过动物试验确定这种瓣膜组织如何在血压作用下维持良好状态，并希望能知道用于人体移植的瓣膜组织的耐用性和抗压性如何。科学家掌握了这些情况，为给心脏病患者移植心脏替代物获得成功。

（3）干细胞制造罕见血型血液

2009年法国血液所的四位研究员宣布，从脐带血中成功培养出干细胞，并修改基因，生成罕见的血型血液。这个成功制造人工血液的研究成果，是一项全球第一的研究，对未来输血和生产罕见血液有革命性的影响。

法国四位研究员从刚出生婴儿身上取得脐带血，从中分离出干细胞，培养出红血球，并且修改它们的基因，创造了罕见血型的血液样本。

人类现在有能力制造出人工血液。这些血液与人们通常知道的血液不同，人类不只有四种血型（O、A、B、AB），而是有30种，大多数都很罕见。这项研究的成功，为人类生产某种血型的红血球带来希望。目前虽然已经证实人类有能力生产人工血液，但是必须等待15~20年时间才能有可靠的大规模应用。

（4）干细胞育出大脑皮层组织

2008年，日本神户的理化学研究所生物科研中心的研究人员说，他们已经利用干细胞制成具有机能的人类大脑组织。他们采取的研究方法，一种是取自人类胚胎的干细胞，经培养形成大脑皮层组织，这是大脑的“最高指挥塔”；另一种获得皮层组织的方法是通过“诱导式多能干细胞”获得。“诱导式多能干细胞”与胚胎干细胞十分相似，这种细胞通常是从皮肤细胞等成人细胞中提取出来的。

本课题的研究小组声明说：“培植出的人体组织体积比较小，不足以用于治疗中风患者。于是我们采取将加大对更成熟的皮层组织进行活体外部移植的研究力度。”此外，这些组织还可以作为“微型器官”，用于研究早老性痴呆病的病因以及研发相关疫苗。

（5）用干细胞育出成熟精子

2006 年，英国伦敦路透社报道，科学家用胚胎干细胞发育而成的精子培育出了小老鼠。这项研究的突破可能改善男性不育症。

科学家们从早期的小鼠胚胎中分离出干细胞，挑选出已发育成早期精子细胞的干细胞精心培养，直到它们长成类似于被称为配子的精子细胞。然后把这些细胞注射到小鼠的卵子中，受精结合后的胚胎被移植到雌鼠体内。实验结果共产下 7 只小鼠，其中 6 只长成成年小鼠。这项研究充分说明：这是第一次证明可以从干细胞中培育出成熟的精子（图 36）。英国格兰纽卡斯尔大学人类遗传学研究所所长约翰·伯恩称，这项研究成果是一个里程碑。他还说：可以想象，未来我们将了解为什么一些男人无法生育。

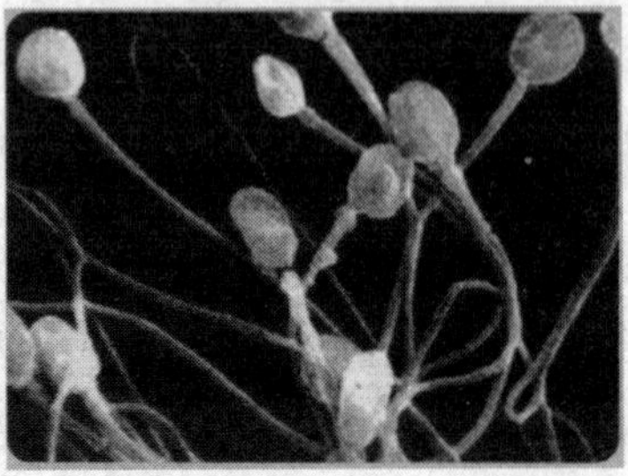

图36　显微镜下的正常精子

全世界约有 1/6 的夫妇遇到某种形式的不育症。约 40% 的病例和男人有关。往往是精子数量少、无精、活力和形状差等都是导致男性不育症的原因。这项研究成果能够成功地应用于治疗男性不育症，将给许多家庭带来福音。

2008 年，又传出神奇的消息：英国科学家用女性干细胞育出精子。他们从一名女性的人类胚胎细胞中制造出了精子细胞，这项重大突破预示着女同性恋能生下属于他们自己的孩子，将来也许生孩子可以不用男人。

此前英国科学家卡里姆·纳耶尼亚曾用男性骨髓细胞培育出原始精子细胞，现在他们用女性胚胎干细胞重复了这一过程。现在纽卡斯尔大学的科学家正在申请获准将一名女性的骨髓培植出精子。如果这一尝试取得成功，将会比采用胚胎细胞更加实用。这样，女同性恋有朝一日拥有兼具双方基因的孩子成为可能，因为用一名女性的骨髓细胞制造的精子可以跟她的女性恋人的卵子结合，形成受精卵。现在他们对实验室培育女性精子的前景十分乐观。卡里姆·纳耶尼亚教授对记者说："我认为这从科学角度讲基本上是可以的。"

但是，伦敦国家医学研究所的干细胞专家罗宾·洛弗尔——巴奇怀疑这能否行得通（图 37）。他说："女性的两条 X 染色体的存在与这个过程是不相容的。此外，它们需要来自 Y 染色体的基因才能实现减数分裂。因此至少有两个前提否定了这种可能性。"在这方面，有一些科学家表示质疑。因为男女有别的根源在于性染色体的差异。男性和女性都有一条 X 染色体，但只有男性拥有 Y 染色体，科学家认为 Y 染色体上的几个基因是制造精子所必需的。

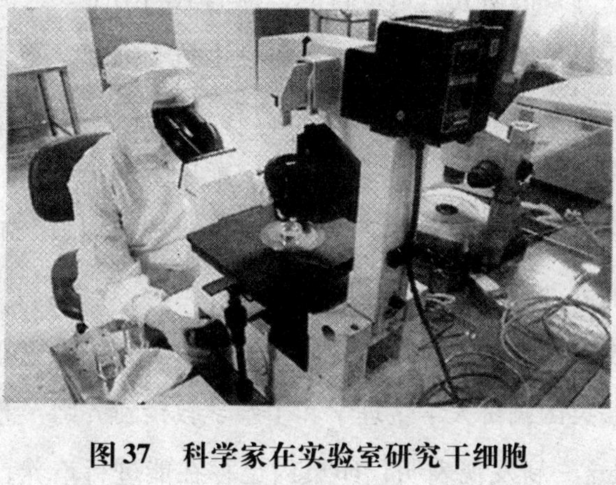

图 37　科学家在实验室研究干细胞

因此人们一直怀疑女性干细胞可能永远也无法制造精子。这项研究还需深入探索，验证可能性。

（6）用卵巢干细胞育出卵子

我们中国专家已设法用幼鼠和成年母鼠卵巢中的干细胞培育出新的卵子，朝着解决雌性动物不育问题迈出了一步。

我国科学家在《自然——细胞生物学》杂志上发表文章说，他们发现了一种利用幼鼠和成年母鼠卵巢中的干细胞培育新卵子的方法。按科学界的认识，卵子，或者说卵母细胞的生成在包括人类在内的大多数哺乳动物出生前就已经停止了。这项研究成果也许会对再生医学和生殖医学产生重大影响。

该课题的研究是以上海交通大学生命科学技术学院吴际教授为首的研究人员进行的，他们从刚出生 5 天的母鼠和成年母鼠的卵巢中分离出了雌性生殖干细胞，然后经过 6 个多月的培养后，这些细胞被移植到不育母鼠的卵巢里。在这些母鼠中，80% 在自然交配后生下了后代。他们认为：这些结果表明，通过移植雌性生殖干细胞，不育的雌性哺乳动物能够重新生长出卵母细胞。

没有参与这项研究内容的科学家对研究成果也有一些质疑。英国剑桥大学生理学和生殖学教授阿齐姆·苏拉尼说："这一新发现表明，卵巢内也存在能进行培养、在移植入别的卵巢后能发育成卵子的干细胞。如果能得到独立证实，这一成果将促进我们对这些卵巢干细胞的了解，能推动对雌性动物不育问题的研究。”另一名没有参与这一研究的研究人员呼吁谨慎对待这项成果，要证实这些研究成果和结论还需要进行大量工作。我们深信中国专家做出的研究成果一定会得到全世界科学家的证实和肯定，为生殖医学做出重大贡献。

（7）用胚胎干细胞造血

2009 年 3 月，英国《独立报》报道：英国科学家打算开世界先河，利用胚胎干细胞源源不断地制造“合成”人体血液，以便为急救输血提供无感染血液。该项目准备在 3 年内首次给人类志愿者输入“合成”血液。这种血液是利用人工授精产生的多余胚胎的干细胞制造的血液。这种“合成”血液将彻底改变依靠人类献血者提供稳定的新鲜血液的输血方式，从而可以帮助挽救从交通事故受害者到战场士兵的众多患者的生命。

什么是“合成”血液呢？研究人员将对人工授精产生的人类胚胎进行检测，从中找到那些在基因上能发育成 O 型阴性血群体的胚胎。这是通用的献血群体，它们的血液可以输给任何人，不用担心会引起排异反应。寻找 O 型阴性血相对稀少，只有 7% 的人才有这种血型。但是，由于胚胎干细胞能够在实验室无限繁殖，因此可以利用这一无限特性制造 O 型阴性血。

现在科学家研究的目的是刺激胚胎干细胞，使其发育为成熟的带氧红细胞，供急救输血之用。这种血液的优点是没有被艾滋病和肝炎等病毒感染的风险。军队尤其需要通用型新鲜血液的稳定供应，以满足战场急救的需要。由于这种血液很有应用价值，据悉，其他一些国家，例如瑞典、法国和澳大利亚的科学家也在致力于利用胚胎干细胞制造“合成”血液的研究。2008 年，美国生物技术公司先进细胞技术公司的研究小组也宣布，该公司已经能够利用胚胎干细胞制造出红血细胞。最近，英国也开始研究这方面的工作。

（8）心脏细胞能再生

2009 年，瑞典科学家说，他们已经证明，人体能够以每年 1% 的速度再生心脏细胞。这一发现有朝一日也许能够减少人类对器官移植的需求。

这些科学家在美国《科学》周刊上发表文章说，他们对 50 名志愿者进行了研究，利用一种测年法寻找冷战时期核弹试验在他们体内留下的微量碳同位素，结果发现了人工激发细胞再生过程的可能性。瑞典卡罗琳医学院的约纳斯·弗里森说：“这可能成为一种促进心脏自救而无需移植新细胞的方法。”他还说：“通过合成药，如果可能的话也可以通过锻炼或其他环境因素，我们可以对心脏自身再生新细胞的能力加以利用。”我们预测心细胞的再生也可能与心脏内的干细胞增殖有关。

（9）干细胞让猪牙再生

2007年，路透社纽约报道：研究人员在微型猪身上进行试验时，成功地利用从年轻成年人智齿上采集的干细胞培育出了新的牙根和牙冠支持组织。研究人员在报告中说，新培育出来的牙齿在功能和力量上与原来的牙齿相同。他们认为，这一技术有望在人身上使用。如果在人身上试验成功，这一技术对那些不适合植入假牙或希望利用自体牙齿活组织的人将极具吸引力。

3. 治疗疾病——发挥干细胞的特殊本领

（1）培育干细胞治遗传病

2008年，美国哈佛大学科学家说，他们培育出干细胞为治疗10种遗传疾病，研究人员可以借助这些干细胞在实验室培养皿中观察疾病的发展过程。这项初期研究借助了新科学技术，帮助人们尽快找到治疗某些最复杂疾病的方法。这项新成果发表在8月7日《细胞》月刊网络版上。

这项研究是哈佛大学干细胞研究所的科学家进行的，他们提取了各种患者的普通皮肤细胞和骨髓以培养干细胞。这些患者的病症包括帕金森氏症、亨廷顿舞蹈病和唐氏综合症等遗传病。该研究所负责人之一道格·梅尔顿说，借助培养出的新细胞，可以在培养皿中观察疾病的发展变化，观察疾病是好转还是恶化。他认为未来数年，人们就可以开启大门，找到治疗这些变性疾病的新方法。

这项新科技对普通细胞进行基因重组，使其具备胚胎干细胞的性质，能发展成各种组织，包括心脏、神经组织和大脑等。借助这些人造胚胎干细胞，希望能加速医学研究进程。2007 年 11 月，美国威斯康星州和日本的研究小组率先宣布，他们对皮肤细胞进行基因重组，在一系列实验室试验中，这些细胞的表现与干细胞一样。哈佛大学的另一组科学家说，他们对两名罹患肌肉萎缩性侧索硬化症的老年患者的皮肤细胞进行基因重组，把这些细胞培养成神经细胞。

关于干细胞可治疗重大遗传病的案例，美国研究人员利用脐带血和骨髓干细胞，近乎治愈了一名 2 岁男童患有的致命遗传疾病，这可能为利用干细胞治疗其他疾病打开了大门。这名男童患者叫纳特·瘳平生，他患有隐性大疱性表皮松解病，这种病在儿童中的发病率为十万分之一。他们缺少一种名叫 VII 型胶原蛋白的重要蛋白质，这种蛋白质会让皮肤和胃肠系统的内壁变得紧致。由于患儿缺少这种 VII 型胶原蛋白，皮肤非常脆弱，稍有摩擦就会出现破损、起疱，导致身上经常出现疼痛难忍的伤口，并留下疤痕。患儿吃固体食物会造成食道受损。通常患儿因为营养不良、伤口感染或皮肤癌而死亡。以往唯一的治疗方式是用绷带将皮肤缠起来。这名患病的男童纳特在明尼苏达大学医学院医生约翰·瓦格纳 7 个月的治疗后，体内正在合成 VII 型胶原蛋白。他的小脸变圆了，身上的水疱也少了；他第一次可以穿普通的衣服，吃没有捣成泥的食物，而且可以和兄弟姐妹一起玩。他母亲说："我看着纳特天天在好转。"

（2）用干细胞治心脏病

2006 年 11 月英国《泰晤士报》报道：心脏病患者将得到一种全新的治疗方法，把他们自己的干细胞注入到器官受损的部位。伦敦两家医院将开始对这种治疗方法进行临床试验。医生将给病人注射从髋骨骨髓里抽取的干细胞以推迟或者防止心力衰竭。欧洲进行的动物实验和一些临床研究表明，这种疗法有效，但是英国的研究是第一次临床试验，目的是证明它的作用。他们采用骨髓里的干细胞能够培育成各种各样的细胞。因此，人们希望它们变成肌肉细胞，用以修补心脏病发作造成的损坏或者防止心脏病发作。英国的心脏病专家约翰·马丁说，新的治疗方法有许多潜在的好处，不仅可以挽救生命，也不会增加费用。在这方面，德国曾进行两次临床试验表明，这种技术是安全的。在试验中，骨髓细胞给的晚，有时是在心脏病发作以后，为的是修补肌肉。马丁教授说，我们相信，如果立即注入干细胞，那就可能防止损坏。我们将进一步研究显示这对严重心脏病发作是否有效。

病人心脏病发作后送进医院，医生通常采取气囊动脉形成术来治疗，用一根导管注入阻塞的冠状动脉，然后气囊膨胀重新开通血管。新的试验方法是将从患者的髋骨抽取骨髓，经过处理分离出合适的细胞，通过导管注入心脏。英国计划对100名病人进行这种方法治疗。两年后用扫描仪对每个病人的状况进行评估，看心脏跳动的情况怎样。另外，还要进行生活质量评估，看注入骨髓细胞的病人健康状况是否好一些。英国干细胞基金会的负责人戴维·麦考利说："这是一种令人感兴趣的治疗方法，动物试验的数据显示，我们会看到一些好处。心脏病仍然是最大的杀手，去年夺去了10.8万人的生命。现在每2分钟就有一个人心脏病发作。我们希望看到人们重返工作岗位，或者重返高尔夫球场。我们期望看到非常明显的好处。"

2007年，西班牙一所医院宣布，在一次针对心绞痛和心脏病的试验性治疗中，医生通过抽脂从一名男性患者的脂肪组织中取出成人干细胞，然后将干细胞移植到患者心脏中。这位第一个接受治疗的是一名67岁的男性患者，经过治疗后状况良好，不过院方警告说，至少还需要 6 个月时间来观察这些细胞是否能够修复受损血管。以上是世界上首次将从脂肪中提取的成人干细胞移植到一名患者的心脏中。据说，还将有 35 位患者愿意接受这个手术，参与到这项研究中来。

西班牙心脏病学家与美国同事一起提取干细胞。他们在近 5 个小时，就完成了干细胞提取、净化、择优和移植的工作，其目的是重建能够使血液顺畅地流入病人心脏的新血管。从脂肪中提取的细胞与其他类型的干细胞不同，不需要用 3 周时间培育，只要经过短短 2 小时，2800 个细胞便具备移植的条件。外科医生从患者的腹部提取了脂肪组织，从中得到干细胞后，用导管将干细胞移植到患者心脏中。这是科学家首创用脂肪干细胞治疗心脏病。

2007 年 8 月，英国《金融时报》又报道，华盛顿大学和加利福尼亚生物科技公司的科学家们，已将人类胚胎或骨髓干细胞转化出的心肌细胞，移植到患心脏病 4 天后的老鼠体内。这些细胞有助于修复动物的心脏心肌，并改善整个心脏的功能（图 38）。这个科学成果已公布在《自然生物学》杂志上，被评为“具有里程碑意义的研究”。这是首次有力地证实了胚胎干细胞可以用于治疗因心肌梗塞或心脏病而受损的心脏。该研究克服了两个困扰心脏病干细胞疗法的问题：一是从胚胎干细胞中可培育心肌细胞；二是保证新细胞在植入受损心脏后能够存活。由此，科学家们认为心脏病干细胞疗法取得了突破，将来会给心脏病患者带来福音。

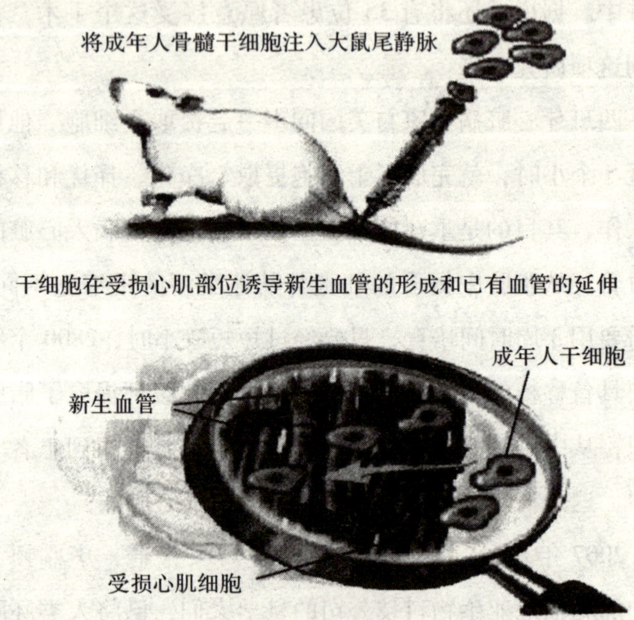

图 38　成年人骨髓干细胞修复大鼠受损心脏

（3）干细胞疗法治愈肌萎缩症

2007 年，美国华盛顿法新社公布了一项新研究的成果：科学家们已经研制出将干细胞和基因疗法结合起来治疗肌肉萎缩遗传病的方法。

意大利米兰大学科学家伊万·托伦特率领的研究小组利用人体细胞在老鼠身上进行的研究表明，他们可以引发老鼠肌肉萎缩，最常见的是杜氏肌营养不良症，然后可以治愈它，从而为全世界数百万患者带来了希望。

他们还指出，杜氏肌营养不良症患者自己的细胞可以用于治疗，这就可能减少发生排斥反应。什么是杜氏肌营养不良症呢？这是一种遗传疾病。在这种疾病中，帮助合成肌细胞增强蛋白的基因发生了变异。肌细胞增强蛋白，对于阻止肌肉的破坏起到至关重要的作用，而变异基因的出现会影响肌细胞增强蛋白的产生，由此引起肌肉萎缩。在治疗的实验中，托伦特和他的小组从有这种病的患者身上获得肌肉干细胞。这些细胞被植入老鼠身上，从而产生与人类杜氏肌营养不良症患者类似的变异肌肉组织。研究者们继而从患者身上取出更多肌肉干细胞，修复其中被破坏的肌细胞增强蛋白基因，于是肌细胞增强蛋白的产生，逐渐恢复正常。老鼠开始产生健康的肌肉组织，杜氏肌营养不良症得到了治疗。

（4）用干细胞治疗糖尿病

英国《泰晤士报》2007 年 4 月报道：通过干细胞治疗糖尿病。经过干细胞治疗的糖尿病患者在自身体内开始再度自然分泌胰岛素之后，已经能够停止注射胰岛素。

这项新研究是由巴西和美国科学家联合进行的。在一次突破性的临床试验中，有 15 名新近诊断为 I 型糖尿病的年轻患者首先服用了一些有遏制免疫作用的药物，然后再在体内移植从自身血液中提取的干细胞。试验结果显示，通过植入自身干细胞，这些有胰岛素依赖的糖尿病患者能够摆脱对胰岛素注射的依赖。这种治疗方法堪称糖尿病治疗领域的一场革命。通常I型糖尿病患者为控制血糖不得不每天注射胰岛素，有的甚至一天要注射4次，因为患者的自身免疫系统紊乱导致不能自然分泌胰岛素。这次临床试验的结果，除两名患者外，其他患者治疗后，可以最长达3年期间不必注射胰岛素。另外，他们还报告说：“在为数不多的早期得病的患者中已经取得十分令人鼓舞的结果。93%的病人在不同阶段摆脱了对胰岛素的依赖，治疗的不良反应很少见，没有一人死亡。”这个研究小组希望利用干细胞对病人进行早期治疗，这样能彻底治愈糖尿病并恢复患者正常的免疫系统。

在英国参加最新试验的糖尿病患者的年龄在14岁至31岁之间，而且都是在试验前6周内被诊断为糖尿病患者。治疗时，首先在自体内抽取干细胞之后，他们需要进行温和的化疗，以杀灭给胰腺造成破坏的白血球。然后，他们再接受移植自身的干细胞，帮助恢复自身免疫系统功能。治疗结果非常理想：接受试验的15名患者中有14人接受治疗后在一段时间内停用了胰岛素，其中11人移植干细胞后立即就能分泌起补充作用的胰岛素，而且从此就不再求助合成胰岛素了。临床试验93%的患者摆脱了胰岛素依赖，显示了糖尿病干细胞疗法获得重大突破。

（5）用干细胞治脑血管疾病

脑血管疾病，就是通常人们所说的“脑溢血中风”，它是与心肌梗塞类似的一种因为脑部供血停止而引起的疾病；它给人体中央神经系统带来的影响和伤害无法治愈，不仅是老人，任何年龄段的人都可能遭受“脑溢血”的打击。

德国汉诺威神经科学国际研究院专家从事干细胞治疗脑血管疾病方面的研究，目前已在实验动物身上取得了非常积极的成果，使脑血管疾病的发病率显著降低。他们研究的新疗法创新之处在于不使用干细胞来修复受损组织，而是将它作为药物引导至脑部受损处。科学家将一个装有干细胞的 $1.5cm^2$ 的形状似“茶叶包”的小袋子植入病人脑中，随后干细胞通过基因作用生产出具有消炎效果的蛋白质，这些蛋白质会保护神经元，激活人体组织的自然再生程序。这就像在人脑中安装了一个“制药厂”。一旦完成任务，这个“茶叶包”就会被从大脑中取出，以免出现并发症。科学家已在动物身上取得了极好的实验效果，不久前这种干细胞“茶叶包”被首次植入一位 49 岁病人脑中，病人说手术以后感觉良好。这项研究显示了干细胞在治疗疾病方面大有可为。

（6）研发干细胞治肺病技术

韩国一个研究小组表示，他们已经成功进行了动物实验，有可能会找到治疗人类各种肺部疾病的方法。这个研究小组是韩国最大的医院之一——三星医疗中心的专家组成的，他们是脐带血和造血干细胞研究领域的领头羊。这个小组说，他们已经抽取了动物的脐带血，并且培养出近乎能够有效治疗肺病的间质干细胞。然后将干细胞移植到实验动物的呼吸系统，干细胞便会开始分化，并融入肺中。三星医疗中心的医生说："在实验中，干细胞已开始修复动物体内受损的肺。"但是他们提醒说，现在就说动物实验是结论性的结果；或者说人类实验也会得到同样的结果还为时尚早。这个研究小组计划进一步做实验，看看这次的发现能否推广，从而为目前尚无法治疗的人类肺病找到治疗的方法。但愿这项研究在人类临床治疗上取得优秀成果。

（7）皮肤干细胞治愈老鼠疾病

2007年12月6日美国芝加哥法新社报道：科学家们利用从皮肤获取的干细胞治愈了老鼠身上的镰状细胞血症（图39）。这一成果标志着干细胞研究又向前迈出了重要一步。这是首个证明从皮肤中而不是从胚胎中获取的干细胞也可以用于治疗疾病的研究。这项将人的皮肤细胞转化为干细胞的成果，被人们认为有可能替代涉及伦理道德问题的胚胎干细胞研究。

这项研究成果曾在《科学快讯》上公布，说明研究

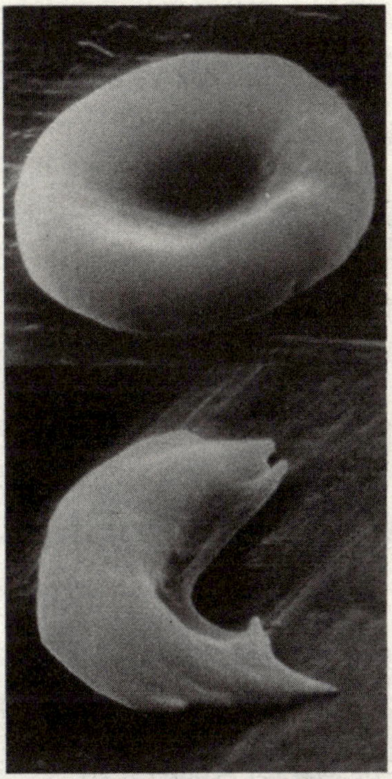

图 39　镰状血细胞

上图是圆盘形的正常红细胞；
下图是镰刀形的患病红细胞。

人员在实验中，将患有镰状细胞血症的老鼠尾上的皮肤细胞转化成干细胞，然后将这些细胞放入骨髓细胞中。随后它们替换了骨髓细胞中的受损基因，正是由于这些受损基因导致镰状细胞血症。这是一种慢性的遗传性疾病，全世界有数千万人患有这种疾病，特别在非洲人后裔中尤其流行。随后的试验，研究人员利用放射疗法杀死了大多数存在缺陷的骨髓细胞，并用从老鼠的干细胞中生长出来的健康骨髓细胞取而代之。这些健康的细胞随后进行自我复制，并重新具有了制造血细胞的能力，从而治愈了老鼠患有的镰状细胞血症。

在这项研究中，最重要的是，没有必要注射免疫抑制药物以防止肌体排斥这种新细胞，因为这些干细胞从基因上讲与患病老鼠是一样的，因为它们来自老鼠自己的皮肤细胞。另外，从成人皮肤细胞上获取干细胞是比较容易操作的，几乎任何一个标准的生物实验室都可以进行。

这项研究报告的作者说："该项研究的移植试验已经进行了 4 个多月，很成功，不过我们还必须对这些动物进行监测，看这些干细胞是否能够为这些动物终生提供健康的血细胞。"

（8）人类干细胞移植治愈瘫痪鼠

2009 年，埃菲社东京报道：日本东京庆应大学的科学家小组在将人类干细胞移植到老鼠身上的实验中取得初步成功。他们利用"诱导多功能干细胞（iPS 细胞）"移植技术修复老鼠脊柱部位的损伤，从而使老鼠的四肢恢复功能。

本项目研究小组组长田野荣之教授说，这是科学家首次将人类神经干细胞成功地移植给老鼠，这些干细胞可以生成许多种生物组织。实验用的老鼠是中枢神经系统受损而四肢瘫痪。他们对老鼠实行移植手术四周以后，它们的四肢就恢复了功能，能够站立起来甚至还能四处窜动。在实验中他们使用的干细胞是取自人的皮肤。他们首先将这些细胞培育成神经干细胞，然后成功地将其移植到 29 只老鼠身上。移植后要确定这种创新疗法的效果，还需要几个月的观察，因为人体干细胞移植实验可能引发老鼠体内肿瘤的生长。后来，经过一个半月的观察，还没有发现任何肿瘤迹象。田野荣之教授说：如果该项移植技术被证明可行，他们将在猴子身上进行实验，为将来的人体移植做准备。他说，至少还需要 5 年的时间才能在人体身上进行这种移植，因为必须保证这种移植不会引发肿瘤。该项创新疗法，科学家们普遍认为是很有前途的干细胞疗法。

（9）干细胞的疗效有性别差异

美国生活科学网站 2007 年 4 月报道：有一项新的研究发现，从雌性老鼠的肌肉中提取的干细胞在再生组织方面比雄性老鼠身上提取的干细胞要好。这一发现可能对通过培育干细胞治疗许多疾病效果产生重大影响。

科学家们曾对肌肉干细胞做过多次研究，逐渐认识到使用的所有干细胞应全部来自雌性老鼠。他们曾对雄性和雌性老鼠的干细胞进行比较试验，结果发现雌性老鼠的干细胞功能比雄性的好。

在这方面，研究人员把从健康的老鼠身上提取的干细胞注入患有类似人类遗传病杜兴氏肌营养不良的一种疾病的老鼠体内。前面曾提到过患有这种疾病的人体内缺少一种可以产生肌肉细胞结构的蛋白质。如果缺少这种蛋白质，肌肉容易被分解，由脂肪取代。患者通常死于心脏或呼吸问题，因为脂肪在心脏和隔膜取代了肌肉组织。在一般情况下，男孩到 5 岁的时候才能被诊断出患有这种疾病，十几岁就离不开轮椅了。患者中很少有人活过 25 岁。根据美国疾病控制和预防中心的统计，3500 名到 5000 名美国男孩中有一人患有杜兴氏肌营养不良症。科学家们正在研究一种治疗这类疾病的方法，那就是细胞移植。研究人员把干细胞注入老鼠体内，经测量干细胞再生含有那种蛋白质的肌肉纤维的能力。他们发现，雌性细胞产生的纤维要比雄性细胞多得多。研究报告的专家说："不管受体是什么性别，植入雌性干细胞可以导致骨骼肌再生的大幅改善。"

（10）干细胞可能是攻克癌症的关键

前面，我们介绍了不少利用干细胞治疗疾病的研究成果，给人类健康的生活带来了希望，但是科学家们又发现干细胞可能是癌症之源，在多种肿瘤中心都有一小撮异常的干细胞，正是它们使肿瘤组织在人体内部存活下来。这种干细胞称为癌症干细胞。它们的存在给干细胞疗法带来了风险。

首先发现癌症干细胞的是加拿大多伦多大学的科学家，他们在1997年率先在白血病中找到癌症干细胞。其次，2003年美国斯坦福大学的迈克尔·克拉克博士在乳腺癌中找到癌症干细胞。2004年，多伦多大学的彼得·德克斯博士在人类脑肿瘤中找到与干细胞相似的细胞。2005年，佛罗里达大学的一位博士又在骨癌中发现类似干细胞的细胞。2006年，美国罗切斯特大学医学院和康奈尔大学合作，把人类胚胎干细胞培养的神经细胞植入患有类似于帕金森病的老鼠大脑中，可以大大减轻这种动物的症状，被治疗的老鼠运动协调能力明显改善，几乎达到了正常水平。但是，研究小组在3个月后剖检老鼠，在显微镜下检查鼠脑时发现了多个肿瘤，这表明植入的其中一些细胞不适应做神经细胞的工作，反而开始失去控制地生长产生肿瘤。

生物学家还不能确定癌症干细胞是怎样产生的。也许是干细胞发生变异，或者是DNA指令发生改变，使干细胞的自我更新控制机制陷入紊乱，也可能是干细胞的“直接后代”祖细胞出现某种遗传缺陷，没有发展为成熟细胞，而是恢复了自我更新的能力。负责维持身体组织或器官的干细胞可以调节自身的数量，癌症干细胞的不同之处在于它们丧失对自己数量的控制。以上这些假设解释搞清楚了，斯坦福大学的科学家说：“如果固体肿瘤的生长是由癌症干细胞带动的，这将对癌治疗产生深远影响。”还说：“明确针对癌症干细胞的疗法或许疗效更持久，甚至能治愈癌瘤的转移。”

世上无难事，只怕有心人，日本科学家采取干细胞技术治疗癌症获得新突破。为了防止癌细胞转移，通过免疫疗法消灭癌细胞中最为恶性的“癌干细胞”。庆应大学研究人员在将脑肿瘤中的癌干细胞数量减半的细胞实验取得了成功。大阪大学也在动物实验中成功地延长了患癌老鼠的生命。这项研究虽然距离最终的临床治疗还需要几年时间，但作为一种治疗癌症的新手段还是引人关注的。

这项研究的突破关键在于研究人员对与脑肿瘤相关的所有基因进行检查，找到了促进免疫功能的基因“SOX6”，并且发现这种遗传基因产生出来的多肽仅大量存在于癌干细胞的表面。这种多肽就是识别癌干细胞的记号。研究人员把患者体内提取的淋巴球（一种免疫细胞）与这种多肽混合在一起。于是淋巴球就会记住这种多肽，因而只会攻击癌细胞。实验证明，如果注入 30 倍于癌细胞的淋巴球，那么便能够减少癌干细胞 5 ~ 6 成。今后如果经过动物实验确认了安全性，就可能开始用于人类的临床实验。

日本大阪大学的森正树教授等研究人员也开发出能够有效攻击肝癌和大肠癌的癌干细胞的方法，已通过在老鼠身上进行实验确定了治疗效果。他们为了让癌干细胞中特殊的遗传基因活跃起来，需要进行特别的条件培养。研究人员把这种癌干细胞所占比例较大的肿瘤，通过超音波切碎，与发挥免疫司令部功能的树状细胞混合，植入患有癌症的老鼠体内，实验结果能够延长老鼠的寿命。如果仅仅植入树状细胞的那些老鼠则全部死亡。由于树状细胞预先经过处理，先记住了癌干细胞的特征，它们会集中起来攻击癌干细胞，所以这种免疫疗法的效果很好。

免疫疗法就是通过提高人体自身的免疫机能治疗癌症。这将是继手术、化疗和放疗之后的第四种值得期待的癌症治疗方法。这种方法要缩小甚至完全杀灭癌细胞，必须将免疫细胞大量集中到病灶上，目前在这方面的研究还没有突破，将来实验成功与否我们拭目以待。

（11）探索利用人兽混种胚胎治病

2008 年，英国《卫报》报道：伦敦国王学院和纽卡斯尔大学的研究小组可以制造人兽胚胎，用新方法治疗一系列疾病，例如帕金森氏症和老年性痴呆等神经变性疾病。科学家通过把人类细胞，如皮肤细胞的细胞核移植到几乎移除了所有遗传信息的动物卵子制造出“胞质杂种”。植入后的卵子只携带极少的动物 DNA，约占 0.1%，其余都是人类的 DNA。研究人员在实验室培植这枚卵子，一周内它将分裂成由大约 200 个细胞构成的微小球体。科学家认为这些细胞极其珍贵，能提供用于治疗人类疾病研究的胚胎干细胞。纽卡斯尔大学的莱尔·阿姆斯特朗博士说："在这项实验中，使用母牛卵子取得的效果几乎与人类的卵子完全一样，而且获取母牛的卵子更容易。"由此，英国即将出现人兽混种胚胎，并用这种胚胎治疗疾病。

4. 干细胞工程可延长人体寿命

"长生不老"、"返老还童"是人类对生命本能的追求，我们可以把它看成是对生命的热爱和执著，但是长生不老是不可能的。任何生命最终都要衰老和死亡，这是不可抗拒的自然规律。虽然人们都知道人生不可能不老，但是长寿是人们一个永远的梦想。现代科技的飞速发展，对我们每一个人来说，长寿百年将不是梦想。从现代医学的发展来看，南京医科大学孙可一教授说：现在提供了两条长寿之路。一条是常规方式，提高医疗水平，治疗各种疑难病症，从而使人们享尽天年，活到本来该活到的年龄。第二条道路是突破性的，利用转基因技术和干细胞技术从根本上改写人体内部的衰老时钟，使人的天年从本质上实现一个飞跃。第一条路可以让人活 120 岁左右；而第二条路可以让人活几百岁。人类的生老病死与基因有着密切关系，如果从基因角度改造，将衰老的时钟向后拨，人类有可能在120岁时还像年轻人一样活力四射。最近几年，世界各国的科学家已经发现一系列与寿命有关的基因，并进行了改造，能分别以开关及定时的方式控制基因活性，延长人的寿命。

最新的研究表明，利用干细胞工程和现代生物医学技术，有可能完美地修复或替代因疾病、战争、意外事故或遗传因素所造成的组织、肢体或器官的伤残，这一直是人类的“梦想”及难以攻克的医学高峰，现已逐渐成为现实。目前诞生的组织工程或组织器官工程，就是利用细胞培养技术在体外人工控制细胞分化、增殖并生长成需要的组织，使之工程化批量产出，用来修补由于意外损伤等引起的功能丧失的体内组织、满足临床康复的需要，并有可能对一些尚没有根治办法的疾病，如恶性肿瘤、帕金森病、中风和其他疾病，提供解决方案。以干细胞为代表的现代组织工程学是近年来迅猛发展的一个新领域。用干细胞治疗疾病已不再只是设想，可以进一步延长人类寿命，此外，干细胞还可以在基因治疗中发挥作用。具有自我复制更新能力的胚胎干细胞将是基因治疗的最理想的载体，人们再也不必担心细胞在增殖过程中把好不容易转进去的基因给弄丢了。在基因疗法方面，干细胞在延长寿命方面也做出了突出贡献。

提取干细胞的新方法

用皮肤生成干细胞

2007年6月有三个独立的研究小组宣布，他们在干细胞研究方面取得了重大进展。他们用实验鼠的皮肤细胞在实验鼠身上培养出胚胎干细胞的替代品，而且没有采用备受争议的破坏胚胎的实验方法。这三个研究小组的研究成果，霍切德林杰领导的哈佛干细胞研究院小组将成果刊登在《细胞·干细胞》杂志的创刊号上。美国怀特黑德研究所鲁道夫·耶尼施主要撰写的论文和日本京都大学山中伸弥主持下完成的论文均发表在《自然》杂志的网站上。他们的研究以山中伸弥2006年8月发表的一篇里程碑式的论文为基础。山中小组发现，通过激活实验在鼠皮肤细胞有四种基因，如果把四种基因植入被称为“纤维母细胞”的实验鼠皮肤细胞中，改变后的皮肤细胞就会在实验中表现出胚胎干细胞的许多特征。当时那些所谓的“诱导多能性干细胞”（ips）与胚胎干细胞相比仍有很大不同。而三个研究小组制造出的 ips 细胞在各种实验中的表现与胚胎干细胞几乎相同。这样的研究，如果人类皮肤细胞也能产生同样的效果，那么治疗方法就会因此取得重大突破，而且人们再也不会围绕胚胎的使用问题进行道德和政治上的激烈辩论。

2007 年 11 月又传出令人兴奋的重大突破消息。研究人员说，他们能够将皮肤细胞还原，把它们转化为干细胞，让这些细胞形成人体器官和组织的基本元素。这一项重大突破，让人类距离这样的梦想又进了一步。这项新技术虽然还有许多地方有待完善，但是有着非常好的前景。新技术的一大长处是，它非常简单，只需要 4 个遗传因子就可以将皮肤细胞重新变回干细胞。需要克服的一大障碍是，要找到将皮肤细胞转化为干细胞的安全方法。

最新的方法是由美国和日本的两个研究小组研发的。美国方面的研究由威斯康星大学的汤姆森实验室完成，发表论文的领衔者是中国干细胞科学家俞君英博士。日本方面是以京都大学的山中伸弥（图 40）为首。他们的论文分别刊登在《科学》和《细胞》网络版上。这两个研究团队分别公布了自己的研究方法，就是用 4 个遗传因子重新编排皮肤细胞，生成诱导多能干细胞（ips 细胞）。由于需要使用逆转录酶病毒将 4 个遗传因子注入皮肤细胞内，这增加了细胞发生变异的风险。这样的风险使得这类干细胞暂时不会用于临床治疗，不过研究人员可以使用这些干细胞来研究疾病并开发出相应的药物。

图 40　京都大学山中伸弥教授

这项科技新成果，我国的科学家俞君英博士做出了重大贡献（图 41）。香港《华南早报》的文章题目提出：诺贝尔奖在向一鸣惊人的中国干细胞科学家招手。我国的

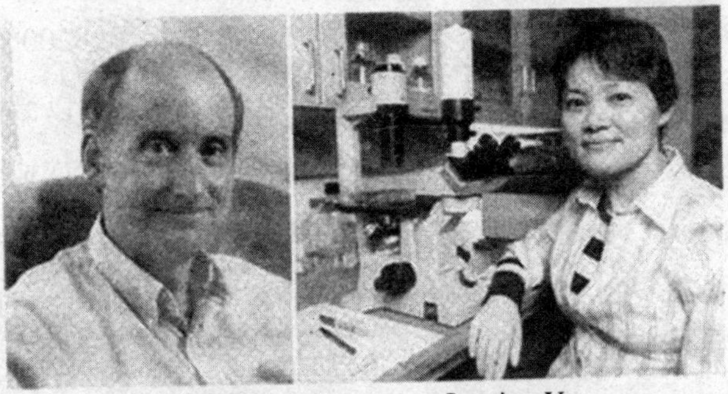

James Thomsen　　Junying Yu

图 41　威斯康星大学的詹姆斯·汤姆森（左）和俞君英博士

《参考消息》也报道：诺贝尔奖走进中国干细胞科学家。

下面我们介绍一些俞君英博士的业绩：俞君英出生在浙江一户农家，北大毕业，1997 年赴美学习，2003 年在宾夕法尼亚大学获博士学位，随后加入詹姆斯·汤姆森实验室，以助理科学家的身份开始了她的研究。詹姆斯·汤姆森是著名的干细胞专家，他是从人类胚胎中提取干细胞的第一人。2005 年，俞君英在麦迪逊威斯康星大学开始寻找能把普通皮肤细胞转变成干细胞的基因组合。当时，她成功的机会非常渺茫，没有抱多少希望。但在汤姆森博士的大力支持下，她开始给一些基因分类以确定哪些基因激活了逆转过程。她把工作重点放在逆转皮肤细胞上。她说："几乎没有人认为皮肤细胞可行，因为它们太不重要、太普通了。但它们是我们最熟悉的细胞类型。"大约与此同时，她听说一个日本科学家团队也在进行类似研究，但她说她没有感到压力。然而就在那时她走运了。2006 年 7 月 4 日，她偶然发现把 14 个基因组合在一起可以激活逆转过程。这一成果最初使她很激动，以后很快就变成了担心和压力。那时候，她意识到，她不能"在这场竞赛中输给日本人。"于是她加倍努力，有志者事竟成，成功地把基因数量缩小到 4 个（2 个推动功能，2 个提高效率），然后她把论文交给了《科学》杂志。日本的研究小组也在差不多相同的时间向《细胞》杂志递交了它们的发现，他们使用的两对基因与俞君英博士的类似。这两家互为竞争对手的杂志罕见地进行了合作，两家杂志决定在2007年11月20日同时发表这两篇论文。内地一位重要的生物学家说：“这是平分诺贝尔奖的一项协定。”与此同时，俞君英博士还想进一步深入研究，其中有两个问题要解决。第一，她急切地想查明这些基因是如何能够有效地逆转细胞生长。第二个目标是，完善这项技术以使其有朝一日能够安全地应用于人体。这就要找到去除这4个外来基因的方法。我们预祝她早日为人类的健康做出更大的贡献。

继两个研究小组在将皮肤细胞转化为干细胞领域取得进展后，又有一个由美国科学家组成的研究小组对外公布，他们已经拓宽了日本同行在干细胞研究领域取得的突破。他们利用同样的4个基因，从胎儿肺脏和皮肤细胞，其中包括新生儿的皮肤细胞以及健康成年志愿者的皮肤细胞中获取了诱导多能干细胞，即ips细胞。这项研究非常重要。因为它标志着研究人员朝着获得“病人特定的”干细胞的方向迈进了一步，也就是说，将携带着病人遗传密码的干细胞用于移植，可以让病人免疫系统不出现排异反应。另外，研究人员还发现，他们在不使用c－Myc这种致癌基因的情况下也可以获得诱导多能干细胞。不过研究人员强调，目前还存在很多障碍，仍不能证明诱导多能干细胞能够安全有效地用来培育用于器官移植的身体组织。

从不损伤胚胎中提取干细胞

2006年，美国马萨诸塞州的一家公司说，他们研制出一种在不毁坏原胚胎的情况下提取人体胚胎干细胞的新方法。这个先进细胞技术公司的科学家利用一种用于不孕治疗的方法，在不损坏人体胚胎的情况下，从中提取一个干细胞。然后，他们再用那个干细胞培养出多个干细胞。他们使用来自不孕症诊所的胚胎，通常这类诊所用多个卵子和精子人工授精，为一对夫妇制造若干胚胎，然后选择其中的几个植入女方体内，使其怀孕。剩余的胚胎被冷冻保存，一般情况最终弃之不用。从事这项研究的首席科学家罗伯特·兰扎研究小组让受精卵发育到 8～10 个干细胞阶段。这个阶段的胚胎不再能够分裂成双胞胎，但干细胞却仍然能形成人体任何细胞或组织。遗传专家可以从这样的胚胎中提取一个干细胞，测试是否有遗传性疾病，例如囊肿性纤维化（属遗传性胰腺病）。胚胎便可以安全地植入人体内。据统计，每年大约有 1500 名健康的儿童以这种方式出生。

2008 年，比利时布鲁塞尔一家医院的科学家在不损伤胚胎的情况下成功提取了胚胎干细胞，这在世界上尚属首例。通常在胚胎发育初期第五天提取干细胞，这意味着必须要破坏胚胎。但是比利时科学家在胚胎发育初期的第二天从胚胎的 4 个细胞中的一个提取干细胞。因此胚胎没有被破坏，剩余的 3 个细胞仍可以继续生长并在子宫内成长为胚胎。这项技术可以为那些因为道德原因禁止提取干细胞的国家带来了积极意义。

从睾丸中提取干细胞

2006年，德国科学家首先从鼠睾丸中提取出干细胞。从事这项研究的是德国格丁根大学教授格尔德·哈森福和关考梅（音）为首的研究人员。他们从成年老鼠的睾丸中提取的干细胞具有胚胎干细胞的特性。凭借这种精原干细胞，获取了增殖与分化能力极强的细胞另一来源，而且这个来源在道德上不存在争议。在特定的实验室条件下，这种从老鼠睾丸中提取的干细胞可以形成拟胚体，并且借助特殊的培养基可以发育成神经细胞、血管细胞、肝细胞、骨骼细胞和心肌细胞。有些变化用肉眼可以识别，例如在培养皿中的轻微搏动细胞说明里面盛放着心肌细胞。研究者称他们发现的细胞为“多能成年生殖干细胞”（缩写为 maGSCs），通过大量试验证明它有与胚胎干细胞类似的特性。这种干细胞在培养皿中可分化为多种三胚层细胞。此外，免疫机能被削弱的老鼠在接受这种干细胞注射后长出了肿瘤。肿瘤的形成证实了细胞增殖能力。科学家还将这种干细胞注入 65 枚胚泡并将其植入雌鼠体内，以后雌鼠产下 42 只幼鼠。科学家对幼鼠分析，几乎在所有幼鼠的诸多器官和组织内部都发现了成年生殖干细胞。关于这项研究应用到人类临床治疗还有很长一段路要走。

在 2006 年 4 月又有新报道，美国研究人员说，他们已经成功地把男性睾丸中提取的未成熟细胞重组成为功效强大的干细胞，然后他们又将这些干细胞培育成为神经细胞、心脏细胞和骨细胞。这项研究成果是美国加州欧文市一家生物技术公司的研究人员取得的。他们通过对睾丸和卵巢中的生殖细胞进行改造而获得干细胞。科学家们一直希望将生殖细胞作为在移植手术和其他医学活动中所需要的生理组织的来源。这项研究成果是将人体生殖细胞重组为干细胞，这比德国从鼠睾丸提取干细胞的研究成果领先了好几步。

关于利用男性睾丸内的细胞提取出的新型干细胞，可以用于培养个性化的移植用组织。但鉴于其来源的局限性，睾丸干细胞研究的光明前景只能造福于男性。有些科学家在欢迎新成果的同时，并认为不能放弃胚胎干细胞研究，它在生物学上仍拥有其独特地位。

用动物卵子培育人体干细胞

2007年英国政府决定批准用动物卵子来制造人类干细胞的研究。专家说，这类研究对于找到早老性痴呆症、帕金森病和其他一些疾病的治疗方法非常关键。这一前沿领域的研究为什么动用动物卵子，是因为缺乏用于研究的人类卵子。科学家研究方法一般是向已经去除了DNA的牛或兔子的卵子中注入人类的遗传物质（人类的DNA），然后促使卵子分裂，并发育成早期的胚胎，之后就可以提取干细胞。这样形成的卵子含有的动物基因为13个，而人类基因则为2万到2.5万个。这样混淆人类和动物的界限，即使只在细胞层面，也还是在英国公众中引起了广泛的争议。有人说：研究人员正在试图制造人类。对此科学家坚决否认。英国国家卫生和医学研究院干细胞生物学分部的负责人罗宾·洛弗尔—巴杰说：“我们并不会制造出长着兔子耳朵的人类，就像《花花公子》杂志所喜欢的那样。我们想做的这整套研究的目的就是了解疾病的成因并找出治疗方法。”曼彻斯特大学生物伦理学教授约翰·哈里斯说：“这个问题被误解了。人们担心（科学家）正试图结合其他种类生物的基因来繁殖人类。”他还幽默地说：“但其实你吃火腿三明治的时候也把动物的细胞吞进了身体。”

用未受精卵育出胚胎干细胞

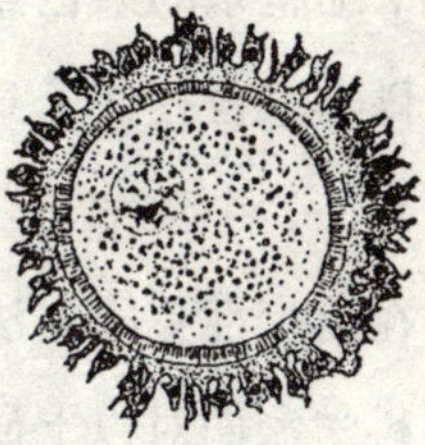

图 42　人的未受精卵子

2007 年，美国和俄国的科学家共同完成一项通过刺激未受精的卵子培育出了胚胎干细胞的研究成果，在培育与女性基因吻合的移植组织方面取得重大进展。这一进展表明，终有一天，希望通过移植手术治疗糖尿病或脊髓损伤等疾病的女性可以向实验室提供卵子（图 42），实验室再用卵子培养出不会受肌体排斥的组织。

为培育出与病人基因匹配的组织，一些科学家正在研究“治疗性克隆”技术，方法是把病人的DNA植入未受精的卵子产生胚胎，然后提取干细胞。但是还没有科学家在人类身上进行过这类尝试。这项新研究尝试的另一种方法：通过刺激妇女未受精的卵子，让胚胎开始发育。胚胎培育的过程不能太长，不能长成胎儿。这个过程足以培育出与卵子提供者基因相匹配的干细胞。当然，用这种方法无法制造出与男性基因相匹配的干细胞。美国马里兰州沃克斯维尔的生命线细胞科技公司总裁杰弗里·贾纳斯指出，用这种方法培育干细胞，再结合抗排异治疗，可能会对卵子提供者之外的病人有帮助。他们写的报告中说，他们使用了5名妇女的卵子培育出了6个胚胎干细胞系，其中一个细胞系的染色体出现异常。美国宾夕法尼亚州立大学的科学家曾在猴子身上做过类似的实验。他说：“这很了不起，是个重大进步。”他还表示，这种方法似乎很有效，在治疗性克隆方法之外又开拓了“一条新路”。

科学家们对以上研究成果也有不同看法：达特茅斯学院的伦理学家罗纳德·格林说，他认为用刺激卵子的方法制造干细胞在伦理上是可以接受的。他还说：“人们会发现，这种胚胎是被激活的卵子……不会发育成人。无论从生物学还是道德角度来讲，它都和人类胚胎截然不同。这是制造人类干细胞同时又不损伤胚胎的非常好的方法。”

另外，位于费城的国家天主教的教士对此持不同意见。他们说，如果卵子以具有组织结构的胚胎形式发育几天，然后停止发育，那它就可能是生命非常短的人或可能是一个有缺陷的人。至少提出怀疑，不能为了摧毁胚胎而制造胚胎。总之，这项研究还需进一步探索。

从智齿中提取干细胞

2008 年 8 月，日本科学家说，他们从智齿中提取了干细胞，从而为研究致命疾病治疗时不必涉及使用胚胎造成的道德争议打开了另一条道路。

日本的产业技术综合研究所的研究人员说，他们使用从一名 10 岁女孩身上拔下的智齿创造了存在像人类胚胎中的那类干细胞。该研究团队的负责人大串史说：“这项研究的重要性有两个方面：一方面，我们可以避免有关干细胞的道德问题，因为智齿总是会被拔去的；另一方面，我们使用了一颗 3 年前被拔掉并一直保存在冰箱的智齿。

这意味着我们可以较容易地储存这种干细胞源。”

在这项新的研究中，研究人员从智齿中提取了细胞并培养了大约35天。经过研究人员对细胞进行测试，发现它们是干细胞，因为它们能发展成为其他不同种类的人类细胞。日本研究人员说，要将这种方法投入临床使用还需要至少5年的时间。

用头发培育干细胞

2008 年 10 月西班牙《国家报》报道：“一根头发可以自救”的消息。巴塞罗那再生医学中心的科学家通过用头发代替皮肤已将这种细胞的培植过程效率提高了 100 倍。他们的方法十分有效，用一根头发就可以获得前面提到的第三种干细胞——诱导多能性干细胞（ips），它的生殖活动、生长能力和发育的多样性与胚胎细胞不相上下。另外，ips 细胞具有胚胎细胞欠缺的一大优点：从某个病人的头发培植出的诱导多能性干细胞的基因与之匹配。这样能够培植出特定病患或者某种疾病的干细胞。

再生医学的长远目标是将干细胞培育成能用于移植的人体组织和器官。目前诱导多能性干细胞没有作用，还需要通过多次植入将四种病毒整合到染色体组内。这 4 种病毒的作用是将 4 个人体基因诱导到头发细胞中，它们属于“转录因子”能控制许多其他基因。通过病毒导入细胞的四种基因能够独立地打破头发细胞的基因程序，并能还原到最初的能够变成任意基因表型的“多能性”干细胞。诱导多能性干细胞（ips）在医学应用方面虽然比其他干细胞有许多优点，但是培植过程却十分困难，而且效率很低。

研发出“安全干细胞”

2007年11月日本京都大学山中伸弥教授领导的研究小组宣布，他们朝着扫清一个重大安全障碍的方向迈出了一步。通过“重组编排”人类的皮肤细胞，他们获得了与人类胚胎干细胞没有任何差别的干细胞。他们能够不借助一种癌症基因就能制造出所谓的诱导多能干细胞（ips）。如果得到证实，这将消除这种干细胞用于移植产生肿瘤的一个重大风险。在最初的研究时，山中教授用逆转录酶病毒将包括c-Myc癌症基因在内的4种基因送入皮肤细胞内。这一次，研究小组只注入了3种基因，而且没有使用 c-Myc 基因，其目的是观察这样能否做到“重新编排”细胞，又减少患上癌症的风险。研究人员在 26 只实验鼠身上进行测试，它们携带的 ips 细胞不包含 c-Myc 基因。在 100 天的测试期满后，没有出现实验鼠死于肿瘤的现象。但是在对照组的 37 只实验鼠中，有 6 只死于肿瘤。山中领导的研究小组还利用从一名 36 岁成年人身上采集的皮肤细胞制造出了 ips 细胞。虽然这些细胞的质量很高，但由于缺少 c-Myc 基因，ips 细胞的生成能力“大大降低”。他们说：“在大约半数的实验中，都无法获得人类 ips 细胞。研究人员的下一个目标是利用一种安全的方法来替代 c-Myc 基因，从而增加 ips 干细胞的生成数量。”

2009 年 3 月 3 日我国《参考消息》刊载了“科学家重组出‘不患癌’干细胞”的消息。在英国《自然》周刊上发表了新研究报告。英国和加拿大的两个研究小组分别发明了一种方法，能够把 4 个基因植入细胞，同时不用病毒，在重组结束后还能将基因取出。他们使用的是转基因领域的“转座子”技术，能够把称作“转座子”的可移动基因序列插入基因组当中。研究人员成功地在老鼠和人类皮肤细胞上进行了试验，对重组后的细胞系进行的测试表明，它们完全复制了“不患癌”胚胎干细胞的特征。

在同年，美国研究人员又发明了培育干细胞更安全的方法。他们将人类皮肤细胞转化为与胚胎干细胞类似的强大干细胞，在干细胞的医学运用中排除了可能造成威胁的基因物质。威斯康星大学的詹姆斯·汤姆森教授说，该研究结果是首次在不向 DNA 植入有潜在危害新基因的情况下，培育出人类诱导多功能干细胞。这种细胞拥有胚胎干细胞在医学运用上的潜在特性。但先前培育 ips 细胞的方

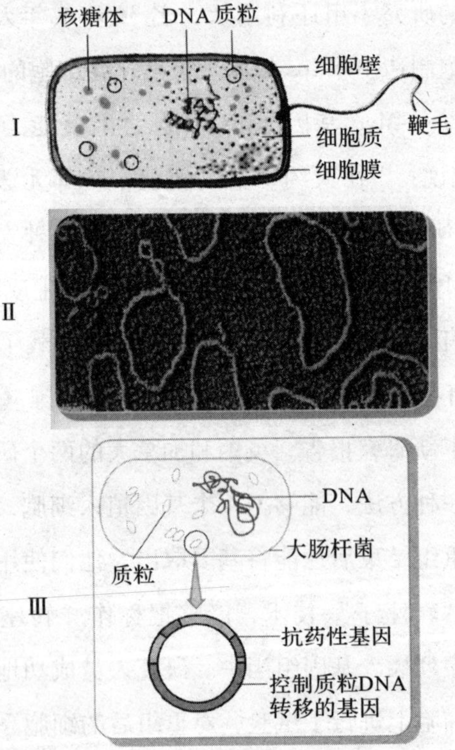

图 43　细胞基因运载工具——细菌质粒

Ⅰ. 细菌的模式图　Ⅱ. 电镜下的质粒环状 DNA 分子

Ⅲ. 带有抗性基因的大肠杆菌质粒示意图

法都要求用病毒作为运送媒介或载体，将基因植入细胞促使细胞转变。新方法有革新，使用一种细菌里面名为质粒的环状 DNA 分子（图 43），运送皮肤细胞转化为 ips 细胞所需的基因。然后，质粒会慢慢地从大量细胞群体中自然消失，避免了使用病毒产生的威胁。美国国家基础医学研究所主任杰里米·伯格说："汤姆森博士对人类 ips 细胞的研究开创了新方法，无需在宿主基因组中植入任何 DNA，而是让永远不会与 DNA 结合的质粒进入细胞。"

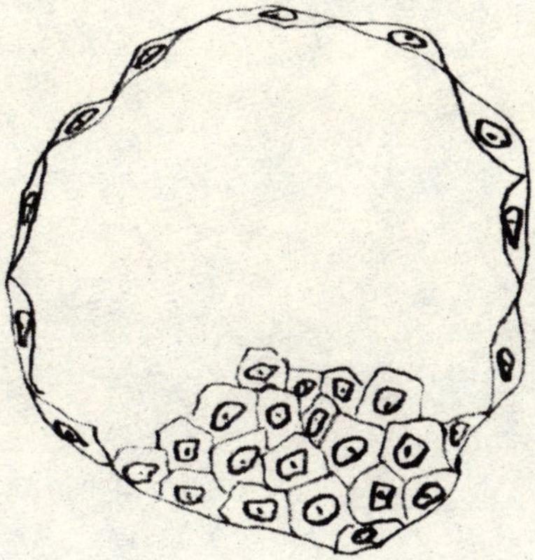

展望干细胞工程的发展前景

干细胞治疗与基因治疗的“合作”

基因治疗与干细胞临床应用的有机结合为多种人类遗传性和获得性疾病的治疗带来了新的希望。

1. 基因治疗是一种新的治疗方式

人类发生疾病，都是由于人体细胞本身的基因发生异常改变或者由外来的病原体基因及其产物与人体相互作用产生的。为此，长期以来科学家们尝试能否依靠遗传物质（无论是来源于人体本身的或外源的）来治疗疾病，治疗内容包括纠正人体自身基因在结构或功能上的错乱，阻止基因病变的发展，杀灭病变的细胞，或抑制外源病原体遗传物质的复制等。这就是关于基因治疗的最初想法。具体来讲，基因治疗就是将具有治疗价值的基因，即“治疗基因”，装配在人体细胞中表达所必备元件的载体上，然后导入人体内的靶细胞，它们可与宿主细胞染色体整合成为宿主遗传物质的一部分，或不与染色体整合而位于染色体外，但都能在细胞中得到表达，起到治疗疾病的作用。基因治疗的提出最初是针对单基因缺陷的遗传疾病，目的是用一个正常的基因来代替缺陷基因或补救缺陷基因的致病因素。1990 年美国国立卫生研究院的科学家用腺苷脱氨酶（ADA）基因治愈了一位由于 ADA 基因缺陷导致严重免疫缺损的 4 岁小孩，引发了世界各国研究基因治疗的热潮。截至目前，基因治疗的研究对象也从单基因的遗传病扩大到多基因的肿瘤、艾滋病、心血管病、神经系统疾病、自身免疫病和内分泌疾病等。

基因治疗分体外基因治疗和体内基因治疗。例如，从 1990 年转移 ADA（腺苷脱氨酶）基因到现在的大部分基因治疗，都是先从病人体内获得某种细胞（例如 T 淋巴细胞）进行培养，在体外完成基因转移后，筛选转移成功的细胞扩增培养，然后重新输入患者体内。这种方法便称为体外基因治疗，虽然操作复杂，但效果较为可靠。另外，科学家们又设计出更加简便的基因疗法。例如，1994年美国科学家用经过修饰的腺病毒作为载体，成功地将治疗遗传性囊肿性纤维化病的正常基因导入患者肺组织中（图44）。这种直接将治疗基因导入人体患病组织的方法叫做体内基因治疗。关于基因治疗的途径详见图45。图中的左侧示意图是体内基因治疗途径：治疗基因被包装在载体中，也就是将治疗基因掺入到质粒中，然后通过插入门静脉的导管将其导入肝脏。图中右侧的示意图是体外基因治疗途径：先从某种组织中收集细胞，体外转入治疗基因，然后再将基因修饰的细胞导入病人体内。

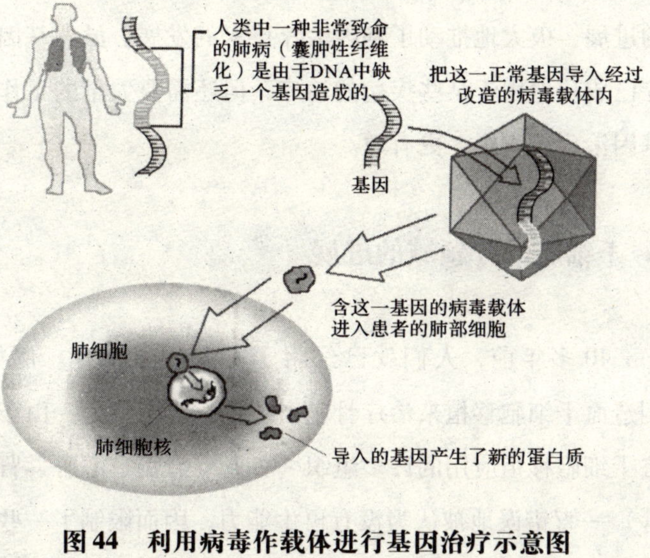

图44　利用病毒作载体进行基因治疗示意图

在基因治疗的研究中，对多种疾病相关基因的确定、新型载体系统的开发，治疗基因向靶细胞高效转移等领域

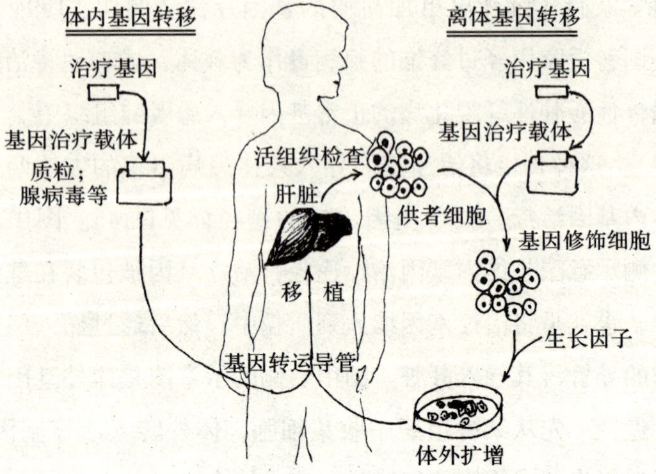

图45 体内和体外基因治疗途径

的进展，极大地推动了基因治疗技术的发展。虽然基因治疗已成功地用于某些疾病的治疗，但还需要大量的工作使基因治疗更安全、更有效。

2. 干细胞治疗领域的进展

40多年前，人们就已经将干细胞用于治疗。例如，用造血干细胞移植来治疗骨髓系统疾病等。但是，由于过去干细胞移植应用的许多组织（如脑、脊髓、心脏、肾脏等）一直错误地被认为没有再生能力，因而限制了一些干细胞的作用；另外，人们一直认为，某一种组织的干细胞只能生成特定类型的成熟细胞，不能生成其他系的细胞，也阻碍了干细胞治疗的进展。

近年来，有三个重大发现使干细胞生物学的理论和应用发生了革命性的改变，显示出了干细胞在多种人类疾病治疗中广阔的临床应用前景。其一，首先是在一些原本认为不可更新的组织中（如脑、肌肉等）发现了干细胞。例如，在骨骼肌中发现了干细胞（成肌细胞），在体外培养后植入受者体内，可发育成肌管，并与内源性的肌纤维融合，重建受损的肌肉组织。目前已发现存在干细胞的组织包括骨髓、外周血、脑、脊髓、血管、皮肤和消化系统的上皮、骨骼肌、肝脏、胰腺、角膜、视网膜、原始生殖细胞（精子或卵子前体细胞）、心肌外膜等。其次，组织特异的成人干细胞显示出超乎人们想象的可塑性。例如，动物实验表明，神经干细胞可分化为造血系统的细胞；而造血系统的干细胞也可分化为几种非造血系统的细胞类型，如骨骼肌细胞、小胶质细胞、星形胶质细胞以及干细胞。第三，从人早期胚胎中分离出了胚胎干细胞，体外建系成功，并且在体外诱导可以分化为多种类型的细胞，如血细胞、骨骼肌细胞和心肌细胞、脂肪细胞等。胚胎干细胞具有重要的临床应用价值。

总之，多种成人组织中干细胞的发现，成人干细胞及分化细胞可塑性的发现，以及人胚胎干细胞的分离成功，都为以细胞为基础的治疗开辟了新的道路。但是也有许多问题需要进一步研究，如人干细胞的分离纯化、体外培养以及体内、体外增殖分化的调控机制等。

3. 基因治疗与干细胞临床应用的有机结合

基因治疗的过程，不仅需要发现与疾病相关的治疗基因，同时还要开发载体系统、导入高效的靶细胞等领域，脱离不开细胞基础。干细胞的应用也是以细胞为基础的，在治疗过程中也离不开基因的作用。因此，基因治疗与干细胞治疗可以相辅相成联合应用，增加疗效。例如：

（1）造血干细胞基因治疗

通过植入正常的造血干细胞可以对白细胞生成或功能缺陷、免疫缺陷病、溶酶体贮积病、贫血症等一些疾病进行治疗。但这些病人本身的造血干细胞存在某种缺陷，所以只能利用异基因干细胞移植的方法来治疗。但是用异基因造血干细胞移植面临许多免疫排斥等问题，病人终生需要服用免疫抑制剂来克服这方面问题。为此，人们提出了对自体干细胞进行基因修饰策略：纠正其基因缺陷后，进行自体干细胞移植。这一方法绕过了免疫上的障碍。但迄今为止，临床应用中的造血干细胞基因治疗均采用小鼠的逆转录病毒作为载体（图 46）。由于种种因素影响，临床效果大多不明显。但是也有一些成功的先例，如一个急性白血病的儿童，接受基因标记的造血干细胞移植后 8 年，仍可以在检测外周血中发现有标记基因的血细胞。

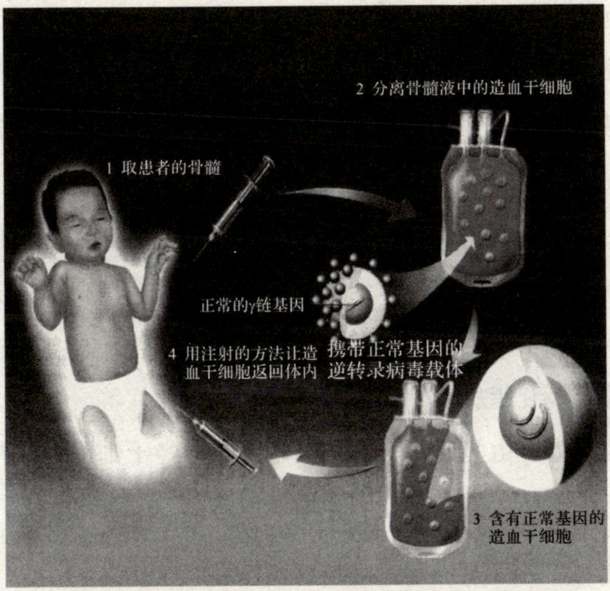

图 46　患者的造血干细胞基因治疗程序

由于以干细胞作为靶细胞治疗的疾病多是需要转入的基因在体内持续表达，所以需要转入的基因一定要整合到干细胞的染色体上，这时基因的转移需要转基因载体。在造血干细胞基因治疗中，最常使用的是逆转录病毒载体和腺病毒载体。近年来，临床上用重组的腺病毒作为载体没有致病性，可稳定整合入细胞 DNA。用这种载体成功地治疗了血友病 B，为其应用带来了有益的提示。

(2）神经干细胞基因治疗

用神经干细胞治疗神经系统退行性疾病的研究越来越引起人们的重视。用神经干细胞作为神经系统疾病基因治疗靶细胞比其他细胞有优势。首先，植入后它可直接整合入神经通路，使治疗基因的表达受到微环境的调控，分化产生的神经细胞逐渐替代有缺陷或死亡的神经细胞；其次，治疗基因或分化细胞的分布不仅局限在神经细胞周围，还可根据需要分布到整个中枢神经系统。在动物实验中，神经干细胞已用于治疗中枢神经系统疾病，如中风、脑神经节苷脂病、帕金森病、多发性硬化症等，显示出巨大的潜力。由此说明，用基因修饰的神经干细胞治疗神经退行性疾病在临床上有广泛的应用前景。

(3）表皮干细胞基因治疗

表皮干细胞作为基因治疗的载体具有许多优点：第一，角质形成的细胞就是表皮干细胞，具有较强增殖能力，在人一生中表皮始终在不断更新。因此，如果基因转入表皮干细胞中，病人一生都可表达治疗基因。第二，体外培养角质形成细胞的技术已经成熟。这有利于逆转录病毒的转染；另外可以体外扩增转染的细胞。第三，培养的人角质形成细胞最初用于烧伤后的自体移植，生成的表皮形态和功能都正常，一直存在。最后，表皮作为身体的覆盖物，易于观察转染细胞的表现，如果病人对治疗基因发生不良反应，可以轻易将其移走。至于外源基因不能在角质形成细胞中持续稳定表达，可随着载体设计的改进以及转染方法的优化，也必将得到解决。

有许多皮肤系统疾病，如遗传性水疱病、大疱性表皮松懈症等，可直接用角质形成细胞的基因治疗。大疱性表皮松懈症是由于某种蛋白的基因编码发生突变引起表皮不能锚定到下面的真皮上，造成表皮松懈，治疗时只需要一个拷贝正常基因的表达即可治愈。

干细胞为组织工程做贡献

现在组织工程和干细胞研究已经成为21世纪生命科学研究的重点之一。组织工程研究涉及种子细胞、支架材料以及组织构建等众多研究方向，干细胞研究主要是解决组织工程研究中的种子细胞来源问题。组织工程属于生物高技术领域中的一门新兴学科，干细胞研究属于基础医学研究范畴，两者之间紧密相关，但是又各自有所侧重。

1. 组织工程学是一门新兴交叉学科

21世纪是生命科学的时代，现代医学和外科科学的深入发展，对人类组织、器官缺损的治疗有了很大进步。目前临床常用的治疗方法有三种：一种是自体组织或器官移植，这种方法虽然具有良好的修复治疗效果，但面临供体来源缺乏；第二种是异体、异种移植，这种方法不仅面临供体来源少，而且存在引起免疫排斥反应、传播病源等风险；第三种是人工合成组织代用品，这仅能起到有限的组织或器官修复作用。由于上述三种方法均存在一定程度的问题，无法满足临床需要，因此，如何从根本上解决组织、器官损伤和功能障碍，一直是科学工作者积极努力和探索的重大课题。

现有治疗手段的限制，使科学家们一直寻找不同于传统治疗方法的新技术。随着生命科学、材料科学以及相关物理、化学学科的发展，人们提出了一个新概念——组织工程学。从事这方面的科学家们利用细胞生物学、分子生物学和材料科学等学科的最新技术，像工厂生产零部件一样，针对患者组织或器官缺失情况，利用构成组织或器官的基本单位——细胞以及为细胞生存提供空间的支架材料，在体内外培育出所需的人体组织或器官，需要多少就培育多少，量体裁衣，制备完成后再给患者安装上去。通俗地讲，采用组织工程技术再造人体组织和器官就像搭建房屋。生物学家首先制定构建某种组织或器官的设计图，然后由生物材料学家按照图纸要求制备具有降解特性并能提供细胞生长场所的骨架，在此基础上，生物学家将人体细胞“种”在骨架上，让其分泌建造组织或器官所需的细胞外基质，就犹如细胞在骨架上逐渐长出“墙壁”、“地板”、“天花板”，最后，作为骨架的生物材料在细胞培育过程中逐渐降解而消失。这样，组织工程化的人体组织或器官的建造便大功告成。

目前，国内外对组织工程的研究进展非常迅速，已进入鼎盛时期。培育的骨骼、软骨、血管、皮肤、乳房以及神经组织正在进行体内实验。其中，由美国一家公司研究的人工皮肤已是最先进入市场的组织工程产品。美国麻省理工学院和哈佛医学院的专家们正在进行可塑支架上培育人手的研究。现在器官再造的研究领域也有很多进展，如国外专家们已将人造膀胱用于动物膀胱缺失后的替代治疗，并取得成功，手术后 11 个月，动物膀胱功能便恢复了正常。在人工肝脏、胰岛以及人工肾脏等器官再造研究上也获得了明显进展。人类再造内脏器官的梦想，可望在不久的将来逐步演变为现实。我国组织工程研究，在许多组织工程专家们的辛勤努力下，结出了累累硕果。上海第二医科大学曹谊林教授成功地在裸鼠体内培育出人耳软骨，在鼠背上长出“人耳”，在国际上引起了强烈反响。另外，上海第九人民医院组织工程研究所、华西医科大学骨科研究所以及军事医学科学院基础医学研究所等研究单位都在进行再造组织工程化人工软骨、骨、角膜和膀胱等领域的研究，都取得了突破性进展（图 47）。随着组织工程研究的不断深入和发展，它必将给生命科学、医学和高技术产业带来革命性变化。

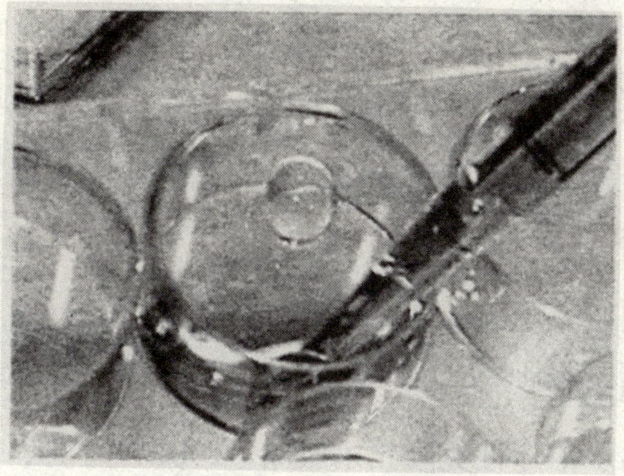

图 47　科学家用胚胎干细胞培育类似人类角膜的组织

2. 干细胞为组织工程提供种子细胞的来源

组织工程研究成功与否主要取决于三个关键的制约因素：种子细胞、支架材料和有助于细胞生长、分化的外在环境。其中获得足够数量、不引起免疫排斥反应并具有再生活力的种子细胞是开展组织工程研究的基础。组织工程需求大规模的种子细胞，为干细胞研究注入了强劲动力。近年来，随着干细胞研究尤其是组织干细胞、胚胎干细胞研究的快速发展，干细胞为采用组织工程技术构建人体组织、器官提供充足可靠的种子细胞来源。例如：胚胎干细胞（ES 细胞）是一种高度未分化的细胞，具有发育的全能性。通过胚胎干细胞分离、培养及定向分化可以获得提供移植的大量细胞，因此是当前组织工程种子细胞研究的热点领域之一。1998 年，美国由汤姆司和格耳哈特为首的研究小组分别从人的胚胎组织及原始生殖细胞中成功地分离、培养了人的胚胎干细胞，为直接应用人胚胎干细胞体外定向诱导分化为目的细胞或组织带来了希望。随着胚胎干细胞研究不断取得明显进展，科研人员针对如何将胚胎干细胞更好地应用到组织工程研究领域进行了初步探索，提出了治疗性克隆技术策略。2001 年 1 月，英国科学家将克隆技术引入到胚胎干细胞研究过程中，开始了人体治疗性克隆的实验研究。这项技术首先用人成熟细胞核置换人卵细胞的遗传物质，然后在体外培养到胚泡期，分离出胚胎干细胞，再将其体外定向诱导分化为各种特定的功能细胞，用于治疗这些细胞损伤引起的多种严重疾病。目前利用核移植技术获取胚胎干细胞已经在小鼠和羊实验中取得成功（图 48）。这项技术应用到人类还需要很长的路要走。另外，在很多临床需求的情况下，科研人员不仅在胚胎干细胞研究领域取得了明显进展，而且，在组织干细胞研究领域也获得了突破性进展。其中骨髓间充质干细胞和神经干细胞这两种具有重要应用前景的组织干细胞的研

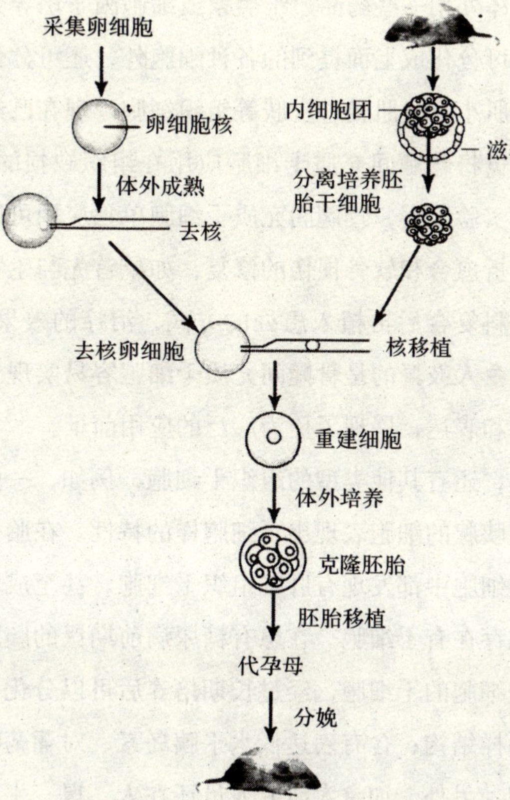

图 48　胚胎干细胞核移植示意图

究进展迅速。例如，骨髓中存在的间充质干细胞可能成为组织工程种子细胞的一种重要来源。近年的研究结果表明，骨髓间充质干细胞具有向多种中胚层和神经外胚层来源的组织细胞分化的能力，其中包括成肌细胞、成骨细胞、软骨细胞、成纤维细胞、成神经胶质细胞等，也可以分化为造血干细胞和基质细胞。此外，还发现骨髓间充质干细胞在体外用一些药品、维生素或细胞因子诱导分化的作用下，可分化成上面提到的各种细胞外，还可分化成脂肪细胞、肌小管、肌腱、皮肤等组织细胞。现在已经开始有研究人员将骨髓间充质干细胞应用在组织缺损的治疗。通过动物实验证实，骨髓间充质干细胞单独应用可以较好地促进骨折愈合和软骨损伤的修复，如果首先与生物陶瓷等支架材料复合后再植入患处的方式，治疗的效果更好。另外，更令人鼓舞的是骨髓间充质干细胞容易实现外源基因的导入和表达，展现了更为广泛的应用前景。

此外，还有其他类型的组织干细胞，例如，一些来源于肝脏和胰腺的细胞表现出干细胞样的特性。在胎鼠和新生鼠的肝细胞中都发现有肝脏组织干细胞，甚至成年鼠肝组织中也存在有干细胞。在患有糖尿病前期鼠的胰腺中分离出胰岛细胞的干细胞，经过长期培养后可以分化为不成熟的胰岛样结构，含有表达低水平胰岛素、对葡萄糖无反应的细胞。另外，加拿大研究人员还在人、鼠、牛的视网膜中发现了始终处于“休眠状态的干细胞”。还有报道谈到采用其他类型的干细胞也可用于组织修复。例如，心室肌含有很少或几乎不含干细胞，如果植入选择的鼠胚胎干细胞，可以稳定地与宿主心肌细胞整合在一起。

以上尽管初步的实验结果都显示很有希望，但这些结果将扩增的干细胞用于临床治疗还有很多工作要做。

挑战与展望

1. 干细胞研究悬而未决的问题

（1）伦理道德问题

自从胚胎干细胞从胚胎组织分离并能在体外不断生长增殖以来，科学家一直在有关领域进行研究，同时在研究过程中，引起伦理、道德、宗教、法律等方面的激烈争议，演化成一场世界大辩论，直到现在没有停止。

由于最有应用价值的胚胎干细胞只能通过破坏人类胚

胎来获得，这就触及了现有伦理体系的禁忌。极力反对克隆人类早期胚胎的人们提出两点主要理由：其一，即使仅仅发育了几天的人类早期胚胎也是神圣不可侵犯的生命，只为了获取一些有用的细胞毁灭它，是不合伦理道德的；其二，如果克隆人类早期胚胎成为合法行为，那就意味着对克隆人的管制放松，将可能导致克隆人出现，造成家庭结构和社会伦理的混乱。支持胚胎干细胞研究的人们认为，早期胚胎不能算是一个“人”，这时的胚胎神经组织还远没有发育出来，没有知觉更没有意识，并不存在伦理问题。另外，克隆早期胚胎与克隆完整的人类个体没有直接联系，如果进行严格管制，完全可以避免克隆人的出现。这里争论的焦点，其实在于对“生命”和“人”的理解。按反对者的定义，从精子和卵子相遇的那一刻起，所形成的胚胎就是生命，是“人”；而在科学家看来，研究无禁区，即使是“生命”和“人”的定义，也不是没有商榷的余地。

关于胚胎克隆技术就如同原子能技术一样，是一把既能造福人类，给人类带来益处，也可以是给人类祸害无穷的“双刃剑”。尤其是意大利和美国的三位科学家公布了克隆人的计划以后，引起各国政府、科学界、宗教界及广大公众的强烈关注。2001 年 11 月 25 日，美国先进细胞技术公司宣布成功培养出人类早期胚胎以后，这一争论达到了新高潮。支持者认为“克隆人”技术可使千千万万不孕症患者实现做父母的愿望；能使那些痛失骨肉的亲人重温天伦之乐；能为许许多多不治之症提供新的治疗方案。然而，反对克隆人依然是各国政府和科学界的主流意见，其主要理由是：克隆技术还不完善、遗传和发育上的缺陷、对家庭结构和社会伦理体系的冲击等因素。实际上，无性繁殖是一种低级的生殖方式，一套不变的基因组易发生突变，不成熟的体细胞“重组编”也易发生程序差错和缺失，从而容易出现克隆个体的畸形、早衰、早产、流产和死胎等，这将给克隆人及其家庭带来极大的伤害；此外，早期诊断技术尚不成熟，难以在胎儿早期鉴别出各种残疾和病症。目前，科学家已掌握一些动物克隆的成功技术，但这并不意味着人们已掌握了克隆人技术，“多莉羊”的诞生是在克隆 277 个绵羊胚胎中唯一的硕果，就目前人类所掌握的技术来看，克隆人的成功率是极低的（图 49）。

图 49　幻想中的克隆人

在美国克隆出人类胚胎以前，我国中山医科大学在2001年1月先后使用“核移植”技术将人类皮肤细胞核移植到家兔卵母细胞中，经过2000多次实验，已成功克隆出100多个人类胚胎，其中部分发育到“桑葚胚”阶段（图50）。这是国际上首次用该技术克隆出人类胚胎，标志着中国在治疗性克隆领域获得重大突破并走在国际最前沿。这一消息当时也在国内外掀起轩然大波。

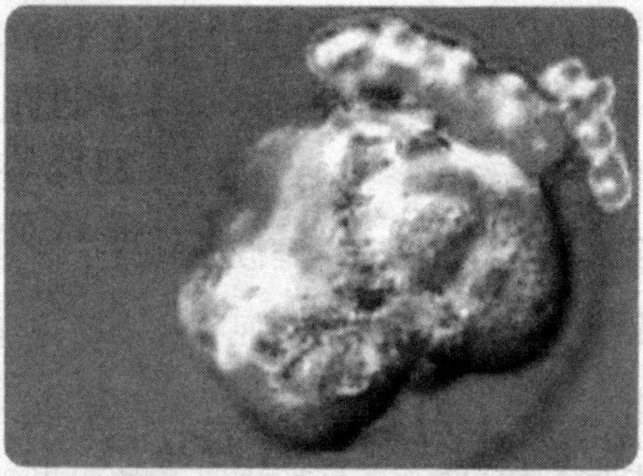

图50　人体细胞克隆出的胚胎

胚胎干细胞研究在世界各国引起如此大的争议，反映出了当代科技发展与现有伦理道德规范之间的冲突。不少社会学家认为，真理是不变的，伦理是可变的。某一科技的进步是否被人类所接受，最终取决于它是否能为全人类带来幸福，而不在于是否合乎某一时期的伦理道德和法律条文。由此，世界各国对于胚胎干细胞研究态度非常谨慎，对干细胞的研究应当在充分监管的条件下理性地发展，复制性克隆（如克隆人）应当禁止，对用于获得干细胞的治疗性克隆应在监管情况下允许进行。

（2）干细胞应用技术问题

用干细胞对付疾病给医学界注入了新的活力，但仔细想一想，对干细胞的了解仍有许多盲区，很多问题悬而未决；技术上也存在诸多挑战，干细胞的应用还不成熟，仍然存在一些急需解决的问题。例如：目前人们还不知道怎样去诱导干细胞定向分化，让它长成什么细胞就长成什么细胞，也不知道如何控制它的增殖和分化。虽然目前已经知道基因的启动和关闭是控制过程的核心，但是对这些“决定”基因以及使之启动或关闭的因素却知之甚少。因此，必须进行更深入的基础研究，了解人体细胞分化的分子机制，从而能够引导多能干细胞定向发育成移植所需的目的细胞。其次，用干细胞移植可以治疗疾病，但是如果它的增殖失控，就可能会变成肿瘤，后果不堪设想！因此，需要寻找各种细胞定向诱导分化的条件和方法以及分选技术，从而得到所需要的细胞或组织，其他无关的、没有用的细胞则死亡或消失。因此，在细胞进行体内移植前，必须将未分化的多能干细胞全部去除。另外，在将干细胞用于移植以前，必须设法克服所谓的免疫排斥问题，因此需要研制降低干细胞产品的免疫源。再有，新的器官要解决几个重要问题：要有血液供应；有神经支配，并与大脑的神经支配协调一致；要与人体生理环境相协调。以上这些问题还没有理想的解决，因此用胚胎干细胞体外培育成器官在技术上还有难度，前面提到的鼠背上的“人耳”中既没有神经，也没有血管分布，没有耳的功能，严格讲，只是一个“摆设”。人造器官不是一件简单的组织工程，仍需深入研究。关于核移植的干细胞研究，核移植后的卵细胞能否激活在正常情况下不表述的沉默基因，启动 DNA 的合成，改变染色体的结构而产生不安全因素等问题都有待解决。相比之下，直接将某种干细胞移植到肌体，在一定条件的诱导下，使它在体内分化成所需的细胞和组织，这种应用似乎更现实一些。

2. 干细胞研究的未来与策略

21 世纪是生命科学的时代，干细胞的研究与应用几乎涉及了所有的生命科学和生物医药学领域，并将在细胞治疗、组织器官移植、基因治疗、新基因发掘与基因功能分析、发育生物学模型、新药开发、毒性评估等领域产生极其重要的影响。我们相信，随着干细胞研究领域向深度和广度不断扩展，人们对干细胞的了解也将更加全面，人类像零部件工厂一样再造人体组织和器官的梦想终将会实现。我们可以预见，有朝一日肝病患者可以通过移植用干细胞和塑料支架制造的“新器官”而被治愈；依赖胰岛素的糖尿病患者可以不用频繁地注射胰岛素，因为他们已经拥有了能够合成胰岛素的人工胰腺；肾衰竭患者可以安装一个用他们自己的细胞培育出的新肾，这样可以从此永久不再用肾透析仪治疗了。现在听起来这似乎都是科幻小说上的幻想，但是对奋战在组织工程和干细胞研究领域的科学家来说，再造人体组织和器官的人类几千年来的奇妙幻想，正在一步一步向前成为现实。在21世纪人类基因组框架图完成之后，干细胞研究将与后基因组计划研究相辅相成，干细胞的应用将有更广阔的前景。

我国干细胞研究和应用已有一定的基础。到20世纪70年代末、80年代初，临床骨髓移植治疗血液病在我国陆续开展；90年代以来，除骨髓移植外，外周血和脐血干细胞移植也逐渐普及应用于治疗血液病和肿瘤。可以说，在干细胞研究领域，中国的科学家与西方学者站在同一起跑线上。我国现在不仅掌握了脐血干细胞分离、纯化、冷冻保存以及复苏的一套技术，而且在“治疗性克隆”研究领域也获得重大突破。在2002年北京召开的“国际干细胞学术研讨会”上，国外学者对我国评价：“中国干细胞专家的水平很高，中国的干细胞研究很有潜力，已经走在世界前列。”这说明我国干细胞研究与应用的前景是十分光明的。

鉴于干细胞研究的重要意义，我国对干细胞研究、组织工程研究十分重视，“治疗性克隆”等课题都被列为国家级重点基础研究项目。为加快研究进程，许多科学家提出了一些很有价值的研究策略：一方面建议我国政府与企业应加大投入，强化基础研究和原始创新，尤其是关注干细胞增殖分化及其调控的分子机制，使干细胞体外诱导和体内治疗更加安全有效；另一方面，应加快我国生物技术的安全性和相关伦理法规与政策的制定，规范我国干细胞技术的应用。例如：首先了解原理，才能更好地做临床研究，才能实现产业化。比如说，在体细胞体外研究基础上，首先要做好实验动物体内干细胞分化的研究，再进行干细胞应用前的临床研究，经报批后，才能合法应用在临床治疗，然后再逐步发展成专业的干细胞治疗中心，进而实现产业化。另外，对部分敏感性研究与应用应采取相应的限制性策略。例如反对克隆人和生殖性胚胎干细胞克隆，允许部分治疗性克隆的研究，但不应将异种克隆技术用于人类治疗等。

责任编辑　马　丽　张含晶　张呈梁
美术编辑　于艳红
责任校对　张三铁